W0261029

Erläuterungen zu den Vorschriften für elektrische Bahnen

(Bahnvorschriften)

Gültig ab 1. Januar 1926

Im Auftrage des
Verbandes Deutscher Elektrotechniker

herausgegeben von

Direktor H. Uhlig
Elberfeld

Berlin
Verlag von Julius Springer
1927

Alle Rechte vorbehalten.

ISBN-13: 978-3-642-90482-0   e-ISBN-13: 978-3-642-92339-5
DOI: 10.1007/978-3-642-92339-5

Softcover reprint of the hardcover 1st edition 1927

Vorwort.

Mit der Neubearbeitung der Bahnvorschriften hatte die Bahnkommission des VDE eine Unterkommission beauftragt, die aus den Herren Direktor Dr. Mattersdorf-Hamburg, Direktor Albrecht-Dortmund und dem Unterzeichneten als Vorsitzenden bestand. In der Bahnkommission befinden sich Vertreter der Elektrotechnik, der elektrotechnischen Industrie, der Reichsbahn und der elektrisch betriebenen Straßen- und Kleinbahnen. Insonderheit hat eine enge Zusammenarbeit des VDE und des Vereins Deutscher Straßenbahnen, Kleinbahnen und Privateisenbahnen stattgefunden. Die neuen Bahnvorschriften sind in der Jahresversammlung des VDE im Jahre 1925 angenommen.

Die letzte Bearbeitung der Bahnvorschriften liegt etwa 20 Jahre zurück! Es mußte also eine vollkommene Umarbeitung vorgenommen werden, um die inzwischen eingetretenen, vielfachen Änderungen berücksichtigen zu können. Daher erklärt es sich auch, daß in den neuen Bahnvorschriften mancherlei Bestimmungen enthalten sind, denen in der nächsten Bearbeitung, die für das Jahr 1928 vorgesehen ist, deutlicher Ausdruck verliehen werden muß. Fehlendes muß ergänzt werden.

Noch mehr als die allgemeinen Vorschriften haben die Bahnvorschriften öffentlichen und zwingenden Charakter, da dieselben als Anhang zu den Bau- und Betriebsvorschriften für Straßenbahnen mit Maschinenbetrieb (v. 1. Januar 1907) in Preußen durch die oberste Aufsichtsbehörde, das Handelsministerium, amtlich vorgeschrieben sind.

Die Neuauflagen der preußischen Bau- und Betriebsvorschriften enthalten bereits die seit 1. Januar 1926 gültigen Bahnvorschriften. Da die Aufsicht über die Straßenbahnen, Kleinbahnen usw. in den Händen der Länder liegt, ist für die Inkraftsetzung der Bahnvorschriften selbstverständlich die Genehmigung der Landesregierungen notwendig, diese Genehmigung, die einer Verpflichtung entspricht, ist inzwischen von allen deutschen Landesregierungen ausgesprochen worden. Ob die Aufsichtsbehörde der Deutschen Reichsbahn, das Reichsverkehrsministerium, diese Bahnvorschriften ebenfalls verordnen wird, steht noch nicht fest.

Bezüglich der Formgebung für die neuen Bahnvorschriften wird auf die Erläuterung 1 zu § 1 verwiesen.

Gleich nach Fertigstellung der neuen Bahnvorschriften ergab sich das Bedürfnis zur Herausgabe von Erläuterungen, die dem Fachmann von Direktor bzw. Betriebsleiter bis zum Monteur den Sinn der Vorschriften näher bringen soll. Der Vorstand des VDE und die Bahnkommission beauftragten mich mit dieser Arbeit und dieselbe liegt nunmehr vor. Ich konnte mich dabei auf die mustergültigen „Erläuterungen zu den Vorschriften für die Errichtung und den Betrieb elektrischer Starkstromanlagen" von Herrn Geheimrat Dr. C. L. Weber stützen und das elektrische Bahnwesen ist daher Herrn Geheimrat Dr. Weber ebenso großen Dank schuldig, wie die übrige Elektrotechnik. Im übrigen haben mir die obengenannten beiden Herren treulich mit ihren großen Erfahrungen auf diesem Sondergebiete geholfen.

Ich bin mir bewußt, daß den vorliegenden Erläuterungen mancherlei Mängel anhaften, zumal die zum Ausdruck gebrachten Ansichten naturgemäß persönliche sein mußten. Aus dem gleichen Grunde erklärt sich auch der straßenbahntechnische Gesichtswinkel. Ich hoffe, daß die als Grundlage dienende Arbeit mit der Zeit zu derselben Vollkommenheit gelangen möge, wie die Erläuterungen von Herrn Geheimrat Dr. C. L. Weber. Hierzu ist aber die Mitarbeit der Fachgenossen unerläßlich, um die ich hiermit dringend bitte. Entsprechende Vorschläge erbitte ich an meine persönliche Adresse.

Elberfeld, April 1927.

Der Verfasser.

Inhaltsverzeichnis.

I. Bauvorschriften.

I. Bauvorschriften.

§ 1.

Geltungsbereich.

Die hierunter stehenden Bestimmungen gelten für die elektrischen Starkstromanlagen, oder Teile solcher, von elektrischen Bahnen mit (1) einer Gebrauchspannung bis 1650 V (2) an der Fahrleitung oder am Fahrzeuge gegen Erde mit Ausnahme elektrischer Streckenförderungen u. T. Diese Bestimmung schließen die Stromerzeugung und zugehörende Energieübertragung ohne Begrenzung der Übertragungsspannung ein (3).

> 1. Im Gegensatz zu den mit Buchstaben bezeichneten Absätzen, die grundsätzlich Vorschriften darstellen, enthalten die mit Ziffern versehenen Absätze Ausführungsregeln. Letztere geben an, wie die Vorschriften mit den üblichen Mitteln im allgemeinen zur Ausführung gebracht werden sollen, wenn nicht im Einzelfall besondere Gründe eine Abweichung rechtfertigen.

(1) Die Bahnvorschriften sind in enger Anlehnung an die „Vorschriften für die Errichtung und den Betrieb elektrischer Starkstromanlagen nebst Ausführungsregeln" durchgebildet worden. Dabei wurde es als zweckmäßig bzw. notwendig erkannt, auch alle diejenigen Vorschriften zu wiederholen, die sich mit Geltung für die allgemeinen elektrischen Anlagen bereits in obigen Vorschriften befanden, da dem Bahnfachmann ein in sich geschlossenes Vorschriftenbuch in die Hand gegeben werden sollte, welches alles enthält, was für die Beurteilung aller elektrischer Anlagen einer Bahn in Frage kommt. Eine Zuhilfenahme der allgemeinen Vorschriften sollte erübrigt werden. Es würde nun trotzdem kaum zweckdienlich sein, wenn auch die Erläuterungen in gleicher Weise wiederholt würden, sondern es soll eine Beschränkung auf die Bahnsonderheiten vorgenommen werden, so daß also bei Anlagen allgemeinen Charakters und bei der Auslegung der grundlegenden Vorschriften ein Nachschlagen der Erläuterungen von Dr. C. L. Weber erforderlich wird. Ob nicht Zweckmäßigkeitsgründe später doch eine Mitaufnahme der allgemeinen Erläuterungen geboten erscheinen lassen, soll der Erfahrung überlassen bleiben.

Unter die Vorschriften fallen sämtliche elektrische Bahnen (siehe Anm. 2), also ohne Rücksicht auf deren Sondercharakter als Haupt-, Privat-, Klein- oder Straßenbahn u. dgl., mit Ausnahme der Grubenbahnen (Streckenförderungen). Entsprechend den gesetzlichen Bestimmungen gelten die Vorschriften als Nachtrag bzw. Bestandteil der Bau- und Betriebsvorschriften (in Preußen) und bedürfen der Genehmigung der Aufsichtsbehörde. Diese Genehmigungen sind für Klein= und Straßenbahnen durch die Länder bereits erteilt, wodurch die Bahnvorschriften verpflichtende Wirkung erlangt haben. Die Reichsbahn hat sich eine Stellungnahme noch vorbehalten, doch steht zu erwarten, daß die Vorschriften auch für die Reichsbahn Geltung erlangen, jedenfalls haben Vertreter der Reichsbahn an der Ausarbeitung der Vorschriften mitgewirkt.

Industriebahnen, je nach ihrem Charakter, können ebenfalls unter diese Vorschriften fallen, desgl. Verschiebelokomotiven. Bagger mit zugehörigen Bahnanlagen dagegen sind unter den allgemeinen Vorschriften bei § 47 behandelt.

Bei der Ausarbeitung wurde keine besondere Rücksicht auf Kranbahnen, Elektro=Hängebahnen u. dgl. genommen. Für diese würden, ähnlich wie für Bagger, in den allgemeinen Vorschriften Bestimmungen zu erlassen sein. Unter allgemeinen Vorschriften sind die „Vorschriften für die Errichtung und den Betrieb elektrischer Starkstromanlagen" zu verstehen.

Bekanntlich sind in den allgemeinen Starkstromvorschriften die Schaltzeichen nicht mehr aufgeführt, sondern es sind hierfür besondere Normblätter gebildet worden, DIN VDE 710—717 und 705, ferner DIN=Taschenbuch 2, 1926. Die dort angegebenen Schaltzeichen sind selbstverständlich für die allgemeinen Anlagen der Bahnen ebenfalls maßgebend. Für die Sonderanlagen der Bahnen fehlen solche Schaltzeichen zur Zeit noch, gegenwärtig finden Beratungen statt, um festzustellen, ob sich die von der Internationalen Elektrotechnischen Kommission (IEC) auf der Tagung vom 13.—23. 4. 26 in New York aufgestellten Zeichen übernehmen lassen.

(2) Die Grenzspannung von 1650 V ist also am Motor gemeint, sie kann infolge des Spannungsverlustes in der Zuleitung an der Erzeugungsstelle höher sein. Die Vorschriften erstrecken sich auf Gleich= und Wechselstrombahnen.

Nach den „Normen für Betriebsspannungen elektrischer Anlagen über 100 V", gültig ab 1. November 1919, sind als Betriebsspannungen für Gleichstrombahnen anzusehen:

550, 750, 1100, 1500, 2200 und 3000 V.

(3) Die Höhe der in den Kraft= und Umformerwerken verwendeten Spannungen ist unmaßgeblich für die Geltung der Vorschriften, diese Erzeugungsstätten, als auch die Zuleitungen fallen unter dieselben, gleichviel mit welcher Spannung die Anlagen betrieben werden. Ferner haben die Bahnvorschriften Geltung auch z. B. für Hausanschlüsse, gleichgültig, ob diese durch besondere, vom eigentlichen Bahnbetriebe getrennte Zuleitungen oder von der Bahn=Arbeitsleitung aus gespeist werden. Privatlichtanschlüsse an Bahn=Arbeitsleitungen mit Spannungen über 250 V sollten vermieden werden, da erfahrungsgemäß sich derartige Anlagen mit den normalen Installationsmitteln nur sehr schwer betriebssicher

herstellen und unterhalten lassen. Falls dies aus bringenden Gründen trotzdem erforderlich ist, so sind die Hochspannungsvorschriften peinlichst zu beachten.

A. Erklärungen.

§ 2.

a) *Elektrische Bahnanlagen oder Teile* (1) *solcher, deren effektive Gebrauchsspannung zwischen irgendeiner Leitung und Erde 250 V überschreitet, sind als Hochspannungsanlagen zu betrachten.* Bahnanlagen unter 250 V gelten als Niederspannungsanlagen; bei Akkumulatoren ist die Entladespannung maßgebend.

(1) Als Teile von Bahnanlagen sind die Krafterzeugungsstätten, Werkstätten, Hausanschlüsse usw. zu verstehen.

In den vorliegenden Vorschriften sind die allgemeinen auf Nieder- und Hochspannung bezüglichen Abschnitte durch normale Drucktypen, *die nur Hochspannung betreffenden Abschnitte durch Kursivdruck gekennzeichnet.*

b) Feuersichere, wärmesichere und feuchtigkeitssichere Gegenstände.

Feuersicher ist ein Gegenstand, der entweder nicht entzündet werden kann oder nach Entzündung nicht von selbst weiterbrennt.

Wärmesicher ist ein Gegenstand, der bei der höchsten betriebsmäßig vorkommenden Temperatur keine den Gebrauch beeinträchtigende Veränderung erleidet.

Feuchtigkeitssicher ist ein Gegenstand, der sich im Gebrauch durch Feuchtigkeitsaufnahme nicht so verändert, daß er für die Benutzung ungeeignet wird.

c) Freileitungen.

Als Freileitungen gelten alle oderirdischen Leitungen außerhalb von Gebäuden, die weder eine metallische Schutzhülle noch eine Schutzverkleidung haben. Leitungen für Installation im Freien an Gebäuden, in Höfen, Gärten u. dgl., bei denen die Entfernung der Stützpunkte 20 m nicht überschreitet, sind nicht als Freileitungen anzusehen.

Ferner gelten für die Fahrleitungen elektrischer Bahnen, sowie für am gleichen Tragwerk verlegte Speiseleitungen weder die „Vorschriften für Starkstrom-Freileitungen" noch die „Vorschriften für Installationen im Freien" (siehe § 34).

d) Elektrische Betriebsräume.

Als elektrische Betriebsräume gelten Räume, die wesentlich zum Betriebe elektrischer Maschinen oder Apparate dienen und in der Regel nur unterwiesenem Personal zugänglich sind.

Abgetrennte Führerstände, die Oberseite des Daches und die Unterseite des Fußbodens von Fahrzeugen, sowie das Innere von Lokomotiven sind als elektrische Betriebsräume zu betrachten.

e) **Abgeschlossene elektrische Betriebsräume.**

Als abgeschlossene elektrische Betriebsräume werden solche Räume bezeichnet, die nur zeitweise durch unterwiesenes Personal betreten, im übrigen aber unter Verschluß gehalten werden, der nur durch beauftragte Personen geöffnet werden darf.

f) **Betriebstätten.**

Als Betriebstätten werden die Räume bezeichnet, die im Gegensatz zu elektrischen Betriebsräumen auch anderen als elektrischen Betriebsarbeiten dienen und nichtunterwiesenem Personal regelmäßig zugänglich sind.

g) **Feuchte, durchtränkte und ähnliche Räume.**

Als solche gelten Betriebsräume, in denen erfahrungsgemäß durch Feuchtigkeit oder Verunreinigungen (besonders chemischer Natur) die dauernde Erhaltung normaler Isolation erschwert oder der elektrische Widerstand des Körpers der darin beschäftigten Personen erheblich vermindert wird (2).

(2) Vorschriften über feuergefährliche Betriebsstätten und Lagerräume und explosionsgefährliche Betriebsstätten und Lagerräume haben keine Aufnahme gefunden, diese Vorschriften müssen selbstverständlich für Schreinereien, Autoschuppen u. dgl. angewendet werden. Es wird auf die diesbezüglichen allgemeinen Vorschriften verwiesen.

h) **Betriebsarten.** Bei **Dauerbetrieb** ist die Betriebszeit so lang, daß die dem Beharrungszustand entsprechende Endtemperatur erreicht wird. Die der Dauerleistung entsprechende Stromstärke wird als „Dauerstromstärke" bezeichnet.

Bei **aussetzendem Betrieb** wechseln Einschaltzeiten und stromlose Pausen über die gesamte Spieldauer, die höchstens 10 min beträgt, ab. Das Verhältnis von Einschaltdauer zur Spieldauer wird „relative Einschaltdauer" genannt. Die aussetzende Stromstärke, die zum Bewegen der Vollast nach Eintritt der vollen Geschwindigkeit erforderlich ist, wird als „Vollaststromstärke" bezeichnet.

Bei **kurzzeitigem Betrieb** ist die Betriebsdauer kürzer als die zum Erreichen der Beharrungstemperatur erforderliche Zeit und die Betriebspause lang genug, um die Abkühlung auf die Temperatur des Kühlmittels zu ermöglichen.

B. Allgemeine Schutzmaßnahmen.

§ 3.
Schutz gegen Berührung. Erdung (1).

a) Die unter Spannung gegen Erde stehenden, nicht mit Isolierstoff bedeckten Teile müssen im Handbereich gegen zufällige Berührung geschützt sein (2). Bei Spannung bis zu 40 V gegen Erde ist dieser Schutz im allgemeinen entbehrlich (3). (Weitere Ausnahmen siehe § 28a.)

(1) Die Erläuterungen von Dr. C. L. Weber sind in der Frage des Berührungsschutzes, der Isolierung oder der Erdung derart ausführlich,

daß auf deren Beachtung hingewiesen werden kann, zumal mindestens für die allgemeinen Anlagen keinerlei Unterschiede bestehen; die Nullung kommt selbstverständlich auch für die Krafterzeugungsstätten und Verteilungsnetze der Bahnen nicht in Frage. Indessen muß gesagt werden, daß der Meinungsstreit, welche Schutzmaßnahme vorzuziehen ist, die Isolierung oder die Erdung, noch keineswegs entschieden ist. Gerade in letzter Zeit besteht mehr Neigung, die Isolierung vorzuziehen, da der Erfolg der Erdung von sehr vielen Nebenumständen abhängig ist. Dagegen ist die Isolierung in den meisten Fällen mit einfachen und billigen Mitteln sicher und vollkommen zu erreichen. Es muß allerdings darauf geachtet werden, und dies gilt besonders für die rauhen Anforderungen des Bahnbetriebs, daß die Apparate in ihren Abständen zwischen den Polen und zum Schutzgehäuse reichlich bemessen werden, und daß vor allem auch auf kräftige Ausführung aller Teile, besonders der Schutzgehäuse, mehr Wert als bisher gelegt wird. Die Tatsache z. B., daß die Gehäuse von Fahrschaltern nicht geerdet werden konnten, weil dauernd Überschläge zum Gehäuse stattfanden und hierdurch ein störungsfreier Betrieb überhaupt nicht möglich war, müßte zu denken geben. Ich neige zu der Ansicht, daß eine Isolierung überall da angewendet werden sollte, wo man dieselbe mit einfachen Mitteln erreichen kann; dagegen sollte man bei der Erdung sehr vorsichtig sein und vor allem die „Leitsätze für Erdung und Nullung in Niederspannungsanlagen" und die „Leitsätze für Schutzerdung in Hochspannungsanlagen" genau befolgen. Man wird dann unschwer einsehen, daß im allgemeinen der Isolierung als der einfacheren Schutzmaßnahme, der Vorzug zu geben ist. Naturgemäß erfordert hierbei die Sonderart der Bahnanlage auch besondere Beurteilung, vor allem bei Straßenbahnen im Hinblick auf die Erdung des einen Poles, da hier durch eine unvorsichtig angeordnete Erdung direkt eine Gefährdung hervorgerufen werden kann. Hierauf wird noch bei den besonderen Bahnbestimmungen zurückgekommen werden.

(2) Der Schutz ist also nur erforderlich „im Handbereich" bei „zufälliger Berührung", da selbstverständlich gegen absichtliche oder mutwillige Berührung, vielleicht noch unter Verwendung von Hilfsmitteln, ein wirksamer Schutz in den meisten Fällen unmöglich sein wird.

(3) Als Grundspannung für die Schutzmaßnahmen sind 40 V angegeben, das besagt, daß diese Spannung, auch „Kleinspannung" bezeichnet, keine gefährlichen Wirkungen auf den menschlichen Körper, auch bei ungünstigen Umständen, ausüben kann. Die Ausnahme für § 28a gilt für elektrische Betriebsräume, dort kann bei Niederspannung dann von Schutzmaßnahmen Abstand genommen werden, wenn dieser Schutz als entbehrlich angesehen werden darf, oder wenn derselbe der Bedienung und Beaufsichtigung hinderlich sein würde. Für Bahnanlagen spielt diese Ausnahme keine Rolle, da für diese Niederspannung im allgemeinen nicht in Frage kommt.

---

1. Abdeckungen, Schutzgitter u. dgl. sollen der zu erwartenden Beanspruchung entsprechend mechanisch widerstandsfähig sein und zuverlässig befestigt werden.

b) Bei Hochspannungen müssen sowohl die blanken als auch die mit Isolierstoff bedeckten Teile durch ihre Lage, Anordnung oder besondere Schutzvorkehrungen der Berührung entzogen sein (Ausnahmen siehe §§ 6c, 8c, 28b und 29a) (4).

(4) Die verschärften Schutzmaßnahmen bei Hochspannung gelten also auch für solche Teile, die mit Isolierstoff bedeckt sind. Dieser Schutz muß nicht nur zufällige Berührung verhindern, sondern die Unterbringung der betr. Teile muß derart erfolgen, daß dieselben der Berührung entzogen sind. Gegen gewaltsame Berührung wird man auch hier keinen Schutz finden. Die Ausnahmen beziehen sich bei § 6c auf Maschinen, § 8c auf Batterien, § 28b elektrische Betriebsräume und § 29a abgeschlossene elektrische Betriebsräume. Nähere Ausführungen für Bahnen befinden sich auch bei § 36.

c) Bei Hochspannung müssen alle nicht spannungsführenden Metallteile, die Spannung annehmen können, miteinander gut leitend verbunden und geerdet werden, wenn nicht durch andere Mittel eine gefährliche Spannung vermieden oder unschädlich gemacht wird (siehe auch §§ 6b, 8a, 8b und 8c) (Ausnahme siehe § 36) (5).

(5) Auch die rein konstruktiven Metallteile der Maschinen, Apparate u. dgl. können den Menschen gefährden, wenn dieselben durch unbeabsichtigte Verbindung mit den stromführenden Teilen (Durchschlag, Überschlag, Körperschluß) die Betriebsspannung oder Teile derselben erhalten, die höher als 40 V gegen Erde sind, oder wenn die Metallteile durch überschlagende Funken, überkriechende Ströme oder auch Induktion geladen werden. Dieser Gefahr sollte nach Möglichkeit durch die Konstruktion begegnet werden. Die Erdung ist kein Allheilmittel! Besonders in letzter Zeit hat die Verwendung von Gleichrichtern zu einer wesentlich verbesserten Durchbildung der Isolierung geführt, gleich wie bei den Triebwagen der immer mehr zur Einführung gelangende Kardanantrieb eine Änderung der früheren Ansichten erfordert. Auch hier wird man die Isolierung mehr schätzen müssen als bisher.

Ich kann mich hierbei auf die Ausführungen eines bewährten Fachmannes aus der Industrie beziehen (Oberingenieur Klement), „Ziele der Installationstechnik", Siemens Jahrbuch 1927):

„Die Festlegung von Mindestabmessungen von Wandstärken, Kriechstrecken, Kontaktschrauben usw. wird in Zukunft stärksten Einfluß ausüben. Daneben aber auch die wesentlich verschärften Prüfvorschriften, die nicht nur Garantien für in Zukunft in allen Einzelheiten festgelegte Schaltleistungen und mechanische Haltbarkeit geben, sondern auf jene Vorschriften, die bessere Isolation gewährleisten. — Den geforderten Isolationszustand einer Anlage zu halten, wird alsdann leichter möglich sein und Körper- und Erdschlüsse, die umständliche und kostspielige Erdung erfordern, immer mehr zur Seltenheit machen. — Bisher wurde in dieser Richtung vieles durch billige Konstruktion vernachlässigt und somit die Sicherheit gegen Feuer= und Lebensgefahr, die leicht zu erreichen wäre, auf einen erheblichen Tiefstand gebracht. Beste Isolierung der Apparate und Materialien erübrigt sicher zu 90% kostspielige Erdung und Nullung".

Diese beherzigenswerten Ausführungen eines Konstrukteurs können nur voll und ganz unterschrieben werden! Sie gelten im verstärkten Maße für die Anforderungen des Bahnbetriebes, wie bei § 36 noch näher erläutert werden wird.

Die Vorschrift ist bezgl. des Wortlautes „die Spannung annehmen können" sehr dehnbar bzw. weit gefaßt. Mit der immer weiter fortgeschrittenen Isolierungstechnik wird man in der Auslegung nicht allzu ängstlich sein dürfen. Auch hier muß der Hauptwert auf die gute konstruktive Durchbildung unter reichlicher Bemessung der Polabstände gelegt werden. Das sogenannte „Neutrale Metall" soll schon durch seine Lage, Abstand und Isolierung von stromführenden Teilen genügende Sicherheit bieten, das gilt z. B. auch für metallene Teile von Triebwagen, wo in vielen Fällen durch eine unüberlegt angewandte Erdung das Gegenteil eines Schutzes erreicht wird. Hierauf wird unter § 36 noch zurückgekommen werden. Die Ausnahmen beziehen sich wiederum auf Maschinen, Batterien und Triebwagen.

<blockquote>
2. Als Erdung gilt eine gutleitende Verbindung mit der Erde. Sie soll so ausgeführt werden, daß in der Umgebung des geerdeten Gegenstandes (Standort für Personen) ein den örtlichen Verhältnissen entsprechendes, tunlichst ungefährliches, allmählich verlaufendes Potentialgefälle erzielt wird. Als der Erdung gleichwertig gilt die Verbindung mit der Fahrschiene oder den Radsätzen der Fahrzeuge(6).
</blockquote>

(6) In elektrischen Anlagen allgemeinen Charakters ist eine dauernd wirksame Erdung keineswegs so einfach herzustellen, wie dies zunächst den Anschein hat. Sorgsame Berücksichtigung aller Nebenumstände ist erforderlich, um die Erdung zu einer wirklichen Schutzmaßnahme zu machen. Es bedarf der dauernden Beobachtung der Forschungen auf diesem Gebiete, wenn man sich nicht Täuschungen hingeben will.

Bei Straßenbahnanlagen liegen die Verhältnisse etwas einfacher. Das gesamte Gleisnetz kann als eine gute Erdung angesehen werden, zumal die immer mehr zur Verwendung gelangende Schienenschweißung auch in dieser Beziehung außerordentlich vorteilhaft wirkt. Dagegen bedarf es beim Bahnwagen selbst wieder eingehender Überlegung, in welcher Weise eine einwandfreie Erdung herzustellen ist. In den Erläuterungen zu § 36 wird hierüber noch zu sprechen sein.

<blockquote>
Erdzuleitungen sollen für die zu erwartende Erdschlußstromstärke bemessen werden. Die Erdzuleitungen sollen möglichst sichtbar und geschützt gegen mechanische und chemische Zerstörungen verlegt und ihre Anschlußstellen der Nachprüfung zugänglich sein.

3. Die Erdungen sollen nach den „Leitsätzen für Erdungen und Nullung in Niederspannungsanlagen" bzw. nach den „*Leitsätzen für Schutzerdung in Hochspannungsanlagen*" ausgeführt werden (7).
</blockquote>

(7) Bei Bahnanlagen mit einem geerdeten Pol, z. B. bei Straßenbahnen, wird man selbstverständlich das Schienennetz als Erdung benutzen,

da dies infolge seiner Ausdehnung zweifellos die beste Möglichkeit darstellt. Im Sinne der Leitsätze für die Erdungen ist das Schienennetz als Erder anzusehen. Nach den Leitsätzen sind Spannungen bis 40 V als für Menschen und 20 V als für Vieh ungefährlich anzusehen, die Leitsätze für Niederspannung gelten für Anlagen mit einer effektiven Gebrauchsspannung von 40—250 V zwischen 2 beliebigen Leitern und für Mehrleiteranlagen bis 250 V zwischen dem geerdeten Leiter und einem beliebigen Außenleiter. Danach fallen also die Straßenbahnen auch für die Oberleitungsanlagen z. B. unter die „Leitsätze für Schutzerdung in Hochspannungsanlagen". Für Hochspannungsanlagen gilt, daß gefährliche Berührungsspannungen dann nicht auftreten, wenn die Erdung so bemessen ist, daß das Produkt aus ihrem Widerstand und der durch sie abzuleitenden Stromstärke 125 V nicht überschreiten. Diese Spannung ist aber nur zuzulassen für durchaus trockene Räume oder dgl., während in anderen Fällen besser nicht höher als 40 V gegangen wird. Es muß festgestellt werden, daß auch die Leitsätze die Schutzerdung keinesfalls als ein Allheilmittel in allen Fällen hinstellen, vielmehr wird ausdrücklich gesagt, daß andere Maßnahmen diese Erdung gelegentlich wirksam unterstützen oder ersetzen können, z. B. durch erhöhte Isolation der Betriebsstromkreise, isolierende Fußbodenbeläge (Linoleum) in Reichweite der Schalt- und Regelapparate u. dgl. Man wird also in allen Zweifelsfällen eine sorgfältige Prüfung anzustellen haben, wobei zu beachten ist, daß im Bahnbetrieb in vielen Fällen, z. B. auf dem Wagendach, die Erdung direkt gefährlich sein würde.

§ 4.
Übertritt von Hochspannung.

a) *Maßnahmen müssen getroffen werden, die bestimmt sind, dem Auftreten unzulässig hoher Spannungen in Verbrauchsstromkreisen vorzubeugen.*

§ 5.
Isolationszustand.

a) Die Anlage muß einen angemessenen Isolationszustand haben (1).

(1) Bei denjenigen Anlageteilen, die den Bahnen nicht eigentümlich sind, ist nach den allgemeinen Vorschriften zu verfahren.

Hier sind auch die Erläuterungen von Dr. C. L. Weber ohne weiteres anwendbar. Was als „angemessener Isolationszustand" bei Bahnen zu bezeichnen ist, läßt sich naturgemäß in bestimmten Werten nicht angeben. Bei Hochspannung fordern ja bekanntlich auch die allgemeinen Vorschriften nicht die Einhaltung solcher Werte. Um so mehr wird es notwendig sein, alle Einzelteile der Anlage vor ihrem Einbau sorgfältig auf gute Isolation zu prüfen, da die Summe der vielen Isolationsstellen in einer Bahnanlage für die Einhaltung eines erträglichen Gesamtisolationswertes eine große Rolle spielt. Auch bei der Wageninstallation spielt die Auswahl des Materials die Hauptrolle, um einen guten Isolationswert zu sichern. Es werden daher auch an die Jsolation der Leitungen besonders große Anforderungen zu stellen sein, zumal unter Berücksichtigung der unvermeidlichen Einflüsse von Nässe, Staub und Schmutz. Bei einem neu abzuliefernden Fahrzeug soll der Stromübergang etwa 0,001 A nicht überschreiten, was bei 600 V 600000 Ω entspricht, wobei allerdings vollkommen trockener Zustand vorausgesetzt ist.

Als Jsolationswert für 1 km Fahrleitung war früher 500000 Ω angegeben, und es wird zweckmäßig sein, für die regelmäßigen Prüfungen der Jsolation einen der Anlage entsprechenden Jsolationswert festzusetzen, schon um zu erreichen, daß Fremdkörper, die den Jsolationswert stören, aus der Anlage entfernt werden.

1. Isolationsprüfungen sollen mindestens mit der Betriebsspannung ausgeführt werden (2).

(2) Die Höhe der Meßspannung soll mindestens der Betriebsspannung entsprechen, die nicht immer, wie bei Nebenstromkreisen auf Lokomotiven usw., gleich der Fahrdrahtspannung ist. Die Messungen mit dem Fahrstrom selbst, und eine andere Möglichkeit der Gleichstrommessung besteht meist nicht, sind vielfach ungenügend der starken Spannungsschwankungen wegen. Infolgedessen hat sich die Messung mittels Kurbelinduktors, also mittels Wechselstromes, von mindestens der Höhe der Gebrauchsspannung sehr eingebürgert und es wird empfohlen, eine Prüfspannung von etwa der doppelten Gebrauchsspannung zu wählen. Zu verwerfen sind unbedingt die Messungen mit Spannungen unter der Gebrauchsspannung, und ganz wertlos sind z. B. solche, die mit Kurbelinduktoren von 110 V an Bahnanlageteilen für 600 V ausgeführt werden.

Während die allgemeine Elektrotechnik in der Aufstellung von Regeln für die Bewertung und Prüfung von Maschinen, Apparaten u. dgl. sehr weit fortgeschritten ist, trifft dies für das Bahnwesen nicht ganz zu. Sondervorschriften bestehen nur in den REB „Regeln für die Bewertung und Prüfung von elektrischen Bahnmotoren und sonstigen Maschinen und Transformatoren auf Triebfahrzeugen" gültig ab 1. Januar 1925. Diese Regeln müssen selbstverständlich volle Beachtung finden, und es sei hier nur darauf hingewiesen, daß dieselben sehr wertvolle Angaben über die zulässigen Erwärmungen, die Jsolierfestigkeit, die Prüfspannungen u. dgl. enthalten. Als Regeln, die sinngemäß angewendet werden können, seien folgende genannt:

„Regeln für die Bewertung und Prüfung von Anlassern und Steuergeräten REA 1925." (Dieselben gelten an sich nicht für kurzzeitige und aussetzende Betriebe.)

„Regeln für die Bewertung und Prüfung von Steuergeräten, Widerstandsgeräten und Bremslüftern für aussetzenden Betrieb RAB 1926."

„Vorschriften für die Konstruktion und Prüfung von Installationsmaterial."

„Regeln für die Konstruktion, Prüfung und Verwendung von Schaltgeräten bis 500 V Wechselspannung und 3000 V Gleichspannung RES

1928." Diese Vorschriften treten an Stelle der in § 12a genannten alten Vorschriften.

Ferner kommen naturgemäß für stationäre Zwecke die Regeln für Maschinen REM 1923 und die Regeln für Transformatoren RET 1923 in Frage.

Für eine einwandfreie Isolation sind jedoch noch zu besonders beachten die

„Vorschriften für isolierte Leitungen in Starkstromanlagen", „Normen für isolierte Leitungen in Starkstromanlagen". Die richtige Auswahl der Leitungen hiernach wird manche Enttäuschung ersparen.

Für die Fahrleitungsanlagen sind wertvolle Anhaltspunkte gegeben in den

„Vorschriften für Starkstrom-Freileitungen",
wenngleich es hier besonders angebracht erscheint, bald Sondervorschriften herauszubringen.

2. Wenn bei diesen Prüfungen nicht nur die Isolation zwischen den Leitungen und Erde, sondern auch die Isolation je zweier Leitungen gegeneinander geprüft wird, so sollen alle Stromverbraucher von ihren Leitungen abgetrennt, dagegen alle Beleuchtungskörper angeschlossen, alle Sicherungen eingesetzt und alle Schalter geschlossen sein.

3. Lackierung und Emaillierung von Metallteilen gilt nicht als Isolierung im Sinne des Berührungsschutzes.

Als Isolierstoffe für Hochspannung gelten faserige oder poröse Stoffe, die mit geeigneter Isoliermasse getränkt sind, ferner feste feuchtigkeitssichere Isolierstoffe(3).

(3) Die „Vorschriften für die Prüfung elektrischer Isolationsstoffe" gültig ab 1. Oktober 1924 geben vollkommenen Aufschluß über die zu stellenden Anforderungen. (Vorschriftenbuch des VDE.)

C. Maschinen, Transformatoren und Akkumulatoren
(mit Ausnahme der in Fahrzeugen verwendeten).

§ 6(1).
Elektrische Maschinen.

a) Elektrische Maschinen sind so aufzustellen, daß etwa im Betriebe der elektrischen Einrichtung auftretende Feuererscheinungen keine Entzündung von brennbaren Stoffen der Umgebung hervorrufen können.

b) *Bei Hochspannung müssen die Körper elektrischer Maschinen entweder geerdet und, soweit der Fußboden in ihrer Nähe leitend ist, mit diesem leitend verbunden sein oder sie müssen gut isoliert aufgestellt und in diesem Falle mit einem gut isolierenden Bedienungsgange umgeben sein.*

c) Die spannungsführenden Teile der Maschinen und die zugehörenden Verbindungsleitungen unterliegen nur den Vorschriften über Berührungsschutz nach § 3a. *Bei Hochspannung müssen auch die mit Isolierstoff bedeckten Teile gegen zufällige Berührung geschützt sein.*

Soweit dieser Schutz nicht schon durch die Bauart der Maschine selbst erzielt wird, muß er bei der Aufstellung durch Lage, Anordnung oder besondere Schutzvorkehrungen erreicht werden.

Verschläge für luftgekühlte Motoren müssen so beschaffen und bemessen sein, daß ihre Entzündung ausgeschlossen und die Kühlung der Motoren nicht behindert ist.

d) Die äußeren spannungsführenden Teile der Maschinen müssen auf feuersicheren Unterlagen befestigt sein.

e) Elektrische Maschinen müssen ein Leistungsschild besitzen, auf dem die in den §§ 80 und 81 der „Regeln für die Bewertung und Prüfung elektrischer Maschinen (REM 1923)" geforderten Angaben vermerkt sind.

(1) Es wird, wie eingangs erwähnt, für die §§ 6—33, auf die Erläuterungen von Dr. C. L. Weber verwiesen.

<h3 style="text-align:center">§ 7.</h3>
<h3 style="text-align:center">Transformatoren.</h3>

a) *Bei Hochspannung müssen Transformatoren entweder in geerdete Metallgehäuse eingeschlossen oder in besonderen Schutzverschlägen untergebracht sein. Ausgenommen von dieser Vorschrift sind Transformatoren in abgeschlossenen elektrischen Betriebsräumen (siehe § 29) und solche, die nur mit besonderen Hilfsmitteln zugänglich sind.*

Verschläge mit selbstgekühlten Transformatoren müssen so beschaffen und bemessen sein, daß ihre Entzündung ausgeschlossen und die Kühlung der Transformatoren nicht behindert ist.

b) *An Hochspannungstransformatoren, deren Körper betriebsmäßig nicht geerdet ist, müssen Vorrichtungen angebracht sein, die gestatten, die Erdung des Körpers gefahrlos vorzunehmen oder die Transformatoren allseitig abzuschalten.*

c) Die spannungsführenden Teile der Transformatoren und die zugehörenden Verbindungsleitungen unterliegen nur den Vorschriften über Berührungsschutz nach § 3a.

d) Die äußeren spannungsführenden Teile der Transformatoren müssen auf feuersicheren Unterlagen befestigt sein.

e) Transformatoren müssen ein Leistungsschild besitzen, auf dem die in den §§ 63—65 der „Regeln für die Bewertung und Prüfung von Transformatoren (RET 1923)" geforderten Angaben vermerkt sind.

<h3 style="text-align:center">§ 8.</h3>
<h3 style="text-align:center">Akkumulatoren (siehe auch § 32).</h3>

a) Die einzelnen Zellen sind gegen das Gestell, dieses ist gegen Erde durch feuchtigkeitssichere Unterlagen zu isolieren.

b) *Bei Hochspannung müssen die Batterien mit einem isolierenden Bedienungsgange umgeben sein.*

c) Die Batterien müssen so angeordnet sein, daß bei der Bedienung eine zufällige gleichzeitige Berührung von Punkten, zwischen denen eine Spannung von mehr als 250 V herrscht, nicht erfolgen kann. *Im übrigen gilt bei Hochspannung der isolierende Bedienungsgang als ausreichender Schutz bei zufälliger Berührung unter Spannung stehender Teile.*

1. Bei Batterien, die 1000 V oder mehr gegen Erde aufweisen, empfiehlt es sich, abschaltbare Gruppen von nicht über 500 V zu bilden.

d) Zelluloid darf bei Akkumulatorenbatterien für mehr als 16 V Spannung außerhalb des Elektrolyten und als Baustoff für Gefäße nicht verwendet werden.

D. Schalt- und Verteilungsanlagen
(mit Ausnahme der in Fahrzeugen verwendeten).

§ 9.

a) Schalt- und Verteilungstafeln, Schaltgerüste und Schaltkasten müssen aus feuersicherem Isolierstoff oder aus Metall bestehen. Holz ist als Umrahmung, Schutzhülle und Schutzgeländer zulässig.

b) Bei Schalttafeln und Schaltgerüsten, die betriebsmäßig auf der Rückseite zugänglich sind, müssen die Gänge hinreichend breit und hoch sein und von Gegenständen freigehalten werden, die die freie Bewegung stören.

1. Die Entfernung zwischen ungeschützten, Spannung gegen Erde führenden Teilen der Schaltanlage und der gegenüberliegenden Wand soll bei Niederspannung etwa 1 m, *bei Hochspannung etwa 1,5 m* betragen. Sind beiderseits ungeschützte, Spannung gegen Erde führende Teile in erreichbarer Höhe angebracht, so sollen sie in der Wagerechten etwa 2 m voneinander entfernt sein.

In Gängen sollen Hochspannung führende Teile besonders geschützt sein, wenn sie weniger als 2,5 m hoch liegen.

c) Schalt- und Verteilungstafeln, -gerüste und -kasten mit unzugänglicher Rückseite müssen so beschaffen sein, daß nach ihrer betriebsmäßigen Befestigung an der Wand die Leitungen derart angelegt und angeschlossen werden können, daß die Zuverlässigkeit der Leitungsanschlußstellen von vorn geprüft werden kann. Die Klemmstellen der Zu- und Ableitungen dürfen nicht auf der Rückseite der Tafeln oder Gerüste liegen.

2. Verteilungstafeln sollen durch eine Umrahmung oder ähnliche Mittel so geschützt sein, daß Fremdkörper nicht an die Rückseite der Tafel gelangen können.

3. Der Mindestabstand spannungsführender, rückseitig angeordneter Teile von der Wand soll bei Schalt- und Verteilungstafeln und -gerüsten nach c) 15 mm betragen.

Werden hinter diesen metallene oder metallumkleidete Rohre oder Rohrdrähte geführt, so gilt der gleiche Mindestabstand zwischen den genannten spannungsführenden Teilen und den Rohren oder Rohrdrähten.

d) In jeder Verteilungsanlage sind für die einzelnen Stromkreise Bezeichnungen anzubringen, die näheren Aufschluß über die Zugehörigkeit der angeschlossenen Leitungen mit ihren Schaltern, Sicherungen, Meßgeräten usw. geben.

4. Nachträglich zu der Schaltanlage hinzukommende Apparate sollen entweder auf die bestehenden Unterlagen und Umrahmungen oder auf ordnungsmäßig gebaute und isolierte Zusatztafeln oder -gerüste gesetzt werden.

5. Bei Schaltanlagen, die für verschiedene Stromarten und Spannungen bestimmt sind, sollen die Einrichtungen für jede Stromart und Spannung entweder auf getrennten und entsprechend bezeichneten Feldern angeordnet oder deutlich gekennzeichnet sein.

6. Bei Schaltanlagen, die von der Rückseite betriebsmäßig zugänglich sind, soll Polarität oder Phase von Leitungsschienen u. dgl. kenntlich gemacht sein. Die Bedeutung der benutzten Farben und Zeichen soll bekanntgegeben werden.

E. Apparate.

§ 10.
Allgemeines.

a) Die äußeren spannungsführenden Teile und, soweit sie betriebsmäßig zugänglich sind, auch die inneren müssen auf feuer-, wärme- und feuchtigkeitssicheren Körpern angebracht sein.

Abdeckungen und Schutzverkleidungen müssen mechanisch widerstandsfähig und wärmesicher sein, sowie zuverlässig befestigt werden. Solche aus Isolierstoff, die im Gebrauch mit einem Lichtbogen in Berührung kommen können, müssen auch feuersicher sein (Ausnahme siehe § 15b).

b) Die Apparate sind so zu bemessen, daß sie durch den stärksten normal vorkommenden Betriebsstrom keine für den Betrieb oder die Umgebung gefährliche Temperatur annehmen können.

c) Die Apparate müssen so gebaut oder angebracht sein, daß einer Verletzung von Personen durch Splitter, Funken, geschmolzenes Material oder Stromübergänge bei ordnungsmäßigem Gebrauch vorgebeugt wird (siehe auch § 3).

d) Die Apparate müssen so gebaut und angebracht sein, daß für die anzuschließenden Drähte (auch an den Einführungsstellen) eine genügende Isolation gegen benachbarte Gebäudeteile, Leitungen u. dgl. erzielt wird.

1. Bei dem Bau der Apparate soll bereits darauf geachtet werden, daß die unter Spannung gegen Erde stehenden Teile der zufälligen Berührung entzogen werden können (Ausnahme siehe § 15b).

2. Griffe, Handräder u. dgl. können aus Isolierstoff oder Metall bestehen. Bei Spannungen bis 1000 V sind metallene Griffe, Handräder u. dgl. die mit einer haltbaren Isolierschicht vollständig überzogen sind, auch ohne Erdung zulässig.

Bei Spannungen über 1000 V sollen isolierende Griffe (entweder ganz aus Isolierstoff oder nur damit überzogen) so eingerichtet sein, daß sich zwischen der bedienenden Person und den spannungstführenden Teilen eine geerdete Stelle befindet. Ganz aus Isolierstoff bestehende Schaltsangen sind von dieser Bestimmung ausgenommen.

e) Ortsfeste Apparate müssen für Anschluß der Leitungsdrähte durch Verschraubung oder gleichwertige Mittel eingerichtet sein (siehe auch § 21[13]).

f) Metallteile, die für eine Erdung in Frage kommen können, müssen mit einem Erdungsanschluß versehen sein.

g) Alle Schrauben, die Kontakte vermitteln, müssen metallenes Muttergewinde haben.

h) Bei ortsveränderlichen oder beweglichen Apparaten müssen die Anschluß- und Verbindungsstellen von Zug entlastet sein.

i) Der Verwendungsbereich (Stromstärke, Spannung, Stromart usw.) muß, soweit es für die Benutzung notwendig ist, auf den Apparaten angegeben sein.

k) Alle Apparate müssen am Hauptteil ein Ursprungszeichen tragen.

§ 11.
Schalter.

(Die *Vorschriften c, f, g und h gelten nicht für Fahrzeuge.)

a) Alle Schalter, die zur Stromunterbrechung dienen, müssen so gebaut und angebracht sein, daß beim ordnungsmäßigen Öffnen unter normalem Betriebsstrom kein Lichtbogen bestehen bleibt (Ausnahme siehe § 28 d).

Schalterabdeckungen mit offenen Betätigungsschlitzen sind nur in elektrischen Betriebsräumen zulässig.

1. Schalter für Niederspannung bis 5 kW sollen in der Regel Momentschalter sein.

2. Ausschalter sollen in der Regel nur an den Verbrauchsapparaten selbst oder in festverlegten Leitungen angebracht werden.

b) Nennstromstärke und Nennspannung sind auf dem Hauptteil des Schalters zu vermerken.

*c) Der Berührung zugängliche Gehäuse und Griffe müssen, wenn sie nicht geerdet sind, aus nichtleitendem Baustoff bestehen oder mit einer haltbaren Isolierschicht ausgekleidet oder umkleidet sein.

d) Griffdorne für Hebelschalter, Achsen von Dosen- und Drehschaltern und diesen gleichwertige Betätigungsteile dürfen nicht spannungsführend sein.

Griffe für Hebelschalter müssen so stark und mit dem Schalter so zuverlässig verbunden sein, daß sie den auftretenden mechanischen Beanspruchungen dauernd standhalten und sich bei Betätigung des Schalters nicht lockern.

e) Ausschalter für Stromverbraucher müssen, wenn sie geöffnet werden, alle Pole ihres Stromkreises, die unter Spannung gegen Erde stehen, abschalten. Ausschalter für Niederspannung, die kleinere Glühlampengruppen bedienen, unterliegen dieser Vorschrift nicht.

Trennschalter sind so anzubringen, daß sie nicht durch das Gewicht der Schaltmesser von selbst einschalten können.

*f) An Hochspannungsschaltern muß die Schaltstellung erkennbar sein.

Kriechströme über die Isolatoren müssen bei Spannungen über 1500 V durch eine geerdete Stelle abgeleitet werden.

Hochspannungsölschalter in großen Schaltanlagen sind so einzubauen, daß zwischen ihnen und der Stelle, von der aus sie bedient werden, eine Schutzwand besteht.

3. Als große Schaltanlagen gelten solche, deren Sammelschienen mehr als 10 000 kW abgeben. Die Schutzwand soll die Bedienenden gegen Flammen und brennendes Öl schützen.

*g) Vor gekapselten Hochspannungsschaltern, die nicht ausschließlich als Trennschalter dienen, müssen bei Spannungen über 1500 V erkennbare Trennstellen vorgesehen sein.

*h) Nulleiter und betriebsmäßig geerdete Leitungen dürfen entweder gar nicht oder nur zwangsläufig zusammen mit den übrigen zugehörenden Leitern abtrennbar sein.

§ 12.
Anlasser und Widerstände.

a) Anlasser und Widerstände, an denen Stromunterbrechungen vorkommen, müssen so gebaut sein, daß bei ordnungsmäßiger Bedienung kein Lichtbogen bestehen bleibt (vgl. „Vorschriften für die Konstruktion und Prüfung von Schaltapparaten für Spannungen bis einschließlich 750 V", § 29[1]).

b) Die Anbringung besonderer Ausschalter (siehe § 11e) ist bei Anlassern und Widerständen nur dann notwendig, wenn der Anlasser nicht selbst den Stromverbraucher allpolig abschaltet.

1. In eingekapselten Steuerschaltern ist bis 1000 V Holz, das durch geeignete Behandlung feuchtigkeitssicher und wärmesicher gemacht ist, auch außerhalb eines Ölbades zulässig, abgesehen von Räumen mit ätzenden Dünsten.

2. Die stromführenden Teile von Anlassern und Widerständen sollen mit einer Schutzverkleidung aus feuersicherem Stoff versehen sein (Ausnahme siehe § 28[1]). Diese Apparate sollen auf feuersicherer Unterlage, und zwar freistehend oder an feuersicheren Wänden und von entzündlichen Stoffen genügend entfernt, angebracht werden.

c) Bei Apparaten mit Handbetrieb darf die Achse der Betätigungsvorrichtung nicht spannungsführend sein.

d) Kontaktbahnen und Anschlußstellen müssen mit einer widerstandsfähigen, zuverlässig befestigten und abnehmbaren Abdeckung versehen sein; sie darf keine Öffnung enthalten, die eine unmittelbare Berührung spannungsführender Teile zuläßt (Ausnahmen siehe §§ 28 und 29).

§ 13.
Steckvorrichtungen
(mit Ausnahme der in Fahrzeugen verwendeten).

a) Nennstromstärke und Nennspannung müssen auf Dose und Stecker verzeichnet sein.

Stecker dürfen nicht in Dosen für höhere Nennstromstärke und Nennspannung passen.

An den Steckvorrichtungen müssen die Anschlußstellen oder ortsveränderlichen oder beweglichen Leitungen von Zug entlastet sein.

Die Kontakte in Steckdosen müssen der unmittelbaren Berührung entzogen sein.

b) Soweit nach § 14 Sicherungen an der Steckvorrichtung erforderlich sind, dürfen sie nicht im Stecker angebracht werden.

1. Wenn an ortsveränderlichen Stromverbrauchern eine Steckvorrichtung angebracht wird, so soll die Dose mit der Leitung und der Stecker mit dem Stromverbraucher verbunden sein.

c) Der Berührung zugängliche Teile der Dosen und Steckerkörper müssen, wenn sie nicht für Erdung eingerichtet sind, aus Isolierstoff bestehen.

Erdverbindungen der Stecker müssen hergestellt sein, bevor sich die Polkontakte berühren.

d) *Bei Hochspannung müssen Steckvorrichtungen so gebaut sein, daß das Einstecken und Ausziehen des Steckers unter Spannung verhindert wird.*

Bei Zwischenkupplungen ortsveränderlicher Leitungen genügt es, wenn ihre Betätigung durch Unberufene verhindert ist.

§ 14.
Stromsicherungen
(Schmelzsicherungen und Selbstschalter).

a) Die Stärke der Stromsicherung muß der Betriebsstromstärke der zu schützenden Leitungen und der Stromverbraucher angepaßt werden. Sie darf jedoch nicht größer sein, als nach § 20 zulässig ist.

Geflickte Sicherungsstöpsel sind verboten.

1. Bei Schmelzsicherungen sollen weiche, plastische Metalle und Legierungen nicht unmittelbar den Kontakt vermitteln, sondern die Schmelzdrähte oder Schmelzstreifen sollen mit Kontaktstücken aus Kupfer oder gleichgeeignetem Metall zuverlässig verbunden sein.

2. Schmelzsicherungen, die nicht spannungslos gemacht werden können, sollen so gebaut oder angeordnet sein, daß sie auch unter Spannung, gegebenenfalls mit geeigneten Hilfsmitteln, von unterwiesenem Personal ungefährlich ausgewechselt werden können.

b) Schmelzsicherungen für niedere Stromstärken müssen in Anlagen mit Betriebsspannungen bis 500 V so beschaffen sein, daß die fahrlässige oder irrtümliche Verwendung von Einsätzen für zu hohe Stromstärken durch ihre Bauart ausgeschlossen ist (Ausnahme siehe § 28h). Für niedere Stromstärken dürfen nur Sicherungen mit geschlossenem Schmelzeinsatz verwendet werden.

3. Als niedere Stromstärken gelten hier solche bis 60 A, doch soll für Stromstärken unter 6 A die Unverwechselbarkeit der Sicherungen nicht gefordert werden.

c) Nennstromstärke und Nennspannung sind sichtbar und haltbar auf dem Hauptteil der Sicherung sowie auf dem Schmelzeinsatz zu verzeichnen.

d) Leitungen sind durch Abschmelzsicherungen oder Selbstschalter zu schützen (Ausnahmen siehe f und g).

4. Bei Niederspannung sollen die Sicherungen an einer den Berufenen leicht zugänglichen Stelle angebracht werden; es empfiehlt sich, solche tunlichst auf besonderer gemeinsamer Unterlage zusammenzubauen.

e) Sicherungen sind an allen Stellen anzubringen, wo sich der Querschnitt der Leitungen nach der Verbrauchsstelle hin vermindert, jedoch sind da, wo davorliegende Sicherungen auch den schwächeren Querschnitt schützen, weitere Sicherungen nicht erforderlich.

Dieses gilt nicht für Bahnspeiseleitungen und Fahrzeuge (siehe §§ 34 und 36).

Sicherungen müssen stets nahe an der Stelle liegen, wo das zu schützende Leitungsstück beginnt. Dieses ist bei Schraubstöpselsicherungen stets mit den Gewindeteilen zu verbinden.

5. Bei Abzweigungen kann das Anschlußleitungsstück von der Hauptleitung zur Sicherung, wenn seine einfache Länge nicht mehr als etwa 1 m beträgt, von geringerem Querschnitt sein als die Hauptleitung, wenn es von entzündlichen Gegenständen feuersicher getrennt und nicht als Mehrfachleitung hergestellt ist.

f) Betriebsmäßig geerdete Leitungen dürfen im allgemeinen keine Sicherung enthalten.

g) Die Vorschriften über das Anbringen von Sicherungen beziehen sich nicht auf Freileitungen, Leitungen an Schaltanlagen, ferner in elektrischen

Betriebsräumen nicht auf die Verbindungsleitungen zwischen Maschinen, Transformatoren, Akkumulatoren, Schaltanlagen u. dgl., sowie auch nicht auf alle Fälle, in denen durch das Wirken einer etwa angebrachten Sicherung Gefahren im Betriebe der betreffenden Einrichtungen hervorgerufen werden könnten (siehe auch § 20²).

6. Abzweigungen von Freileitungen nach Verbrauchstellen (Hausanschlüsse) sollen, wenn nicht schon an der Abzweigstelle Sicherungen angebracht sind, nach Eintritt in das Gebäude in der Nähe der Einführung gesichert werden.

§ 15.
Andere Apparate.

a) *Bei ortsfesten Meßgeräten für Hochspannung müssen die Gehäuse entweder gegen die Betriebsspannung sicher isolieren oder sie müssen geerdet sein oder es müssen die Meßgeräte von Schutzkasten umgeben oder hinter Glasplatten derart angebracht sein, daß auch ihre Gehäuse gegen zufällige Berührung geschützt sind. Die an Meßwandler angeschlossenen Meßgeräte unterliegen dieser Vorschrift nicht, wenn ihr Sekundärstromkreis gegen den Übertritt von Hochspannung gemäß § 4 geschützt ist.*

b) Bei ortsveränderlichen Meßgeräten (auch Meßwandler) kann von den Forderungen der §§ 10a, 10¹, 10² und 10 f abgesehen werden.

c) Handapparate mit einer Aufnahme bis einschließlich 0,3 kW sind für Betriebsspannungen von mehr als 250 V nicht zulässig. Elektrisch betriebene Handwerkzeuge müssen den Regeln für die Prüfung und Bewertung von Handbohrmaschinen und Handschleifmaschinen entsprechen.

1. Handapparate sollen besonders sorgfältig ausgeführt und ihre Isolierung soll derart bemessen sein, daß auch bei rauher Behandlung Stromübergänge vermieden werden. Die Bedienungsgriffe der Handapparate, mit Ausnahme der von Betriebswerkzeugen, sollen möglichst nicht aus Metall bestehen und im übrigen so gestaltet werden, daß eine Berührung benachbarter Metallteile erschwert ist.

F. Lampen und Zubehör.

§ 16.
Fassungen und Glühlampen.

a) Jede Fassung ist mit der Nennspannung zu bezeichnen.

Bei Fassungen verwendete Isolierstoffe müssen wärme-, feuer- und feuchtigkeitssicher sein.

Die unter Spannung gegen Erde stehenden Teile der Fassungen müssen durch feuersichere Umhüllung, die jedoch nicht unter Spannung gegen Erde stehen darf, vor Berührung geschützt sein.

In Stromkreisen, die mit mehr als 250 V betrieben werden, müssen die äußeren Teile der Fassungen aus Isolierstoffen bestehen und alle spannungsführenden Teile der Berührung entziehen. Fassungen für Edison-Lampensockel sockel 14 (Mignonsockel) sind in solchen Stromkreisen nicht zulässig.

b) *Schaltfassungen sind für alle Spannungen über 250 V unzulässig.*

Schaltfassungen müssen im Inneren so gebaut sein, daß eine Berührung zwischen den beweglichen Teilen des Schalters und den Zuleitungsdrähten ausgeschlossen ist. Handhaben zur Bedienung der Schaltfassungen dürfen nicht aus Metall bestehen. Die Schaltachse muß von den spannungsführenden Teilen und von dem Metallgehäuse isoliert sein.

c) Die unter Spannung gegen Erde stehenden Teile der Lampen müssen der zufälligen Berührung entzogen sein. Dieser Schutz gegen zufälliges Berühren muß auch während des Einschraubens der Lampen wirksam sein.

d) Glühlampen in der Nähe von entzündlichen Stoffen müssen mit Vorrichtungen versehen sein, die die Berührung der Lampen mit solchen Stoffen verhindern.

e) *In Hochspannungsstromkreisen sind zugängliche Glühlampen und Fassungen nur für Gleichstrom und nur für Betriebsspannungen bis 1000 V gestattet.*

§ 17.

Bogenlampen.

a) An Örtlichkeiten, wo von Bogenlampen herabfallende glühende Kohleteilchen gefahrbringend wirken können, muß dieses durch geeignete Vorrichtungen verhindert werden. Bei Bogenlampen mit verminderter Luftzufuhr oder bei solchen mit doppelter Glocke sind keine besonderen Vorrichtungen hierfür erforderlich.

b) Bei Bogenlampen sind die Laternen (Gehänge, Armaturen) gegen die spannungsführenden Teile zu isolieren und bei Verwendung von Tragseilen auch diese gegen die Laternen.

> 1. Die Einführungsöffnungen für die Leitungen an Lampen und Laternen sollen so beschaffen sein, daß die Isolierhüllen nicht verletzt werden. Bei Lampen und Laternen für Außenbeleuchtung ist darauf Bedacht zu nehmen, daß sich in ihnen kein Wasser ansammeln kann.

c) Werden die Zuleitungen als Träger der Bogenlampe verwendet, so müssen die Anschlußstellen von Zug entlastet sein; die Leitungen dürfen nicht verdrillt werden.

Bei Hochspannung dürfen die Zuleitungen nicht als Aufhängevorrichtung dienen.

d) *Bei Hochspannung muß die Lampe entweder gegen das Aufzugseil und, wenn sie an einem Metallträger angebracht ist, auch gegen diesen doppelt isoliert sein oder Seil und Träger sind zu erden. Bei Spannungen über 1000 V müssen beide Vorschriften gleichzeitig befolgt werden.*

e) *Bei Hochspannung müssen Bogenlampen während des Betriebes unzugänglich und von Abschaltvorrichtungen abhängig sein, die gestatten, sie zum Zweck der Bedienung spannungslos zu machen.*

§ 18.

Beleuchtungskörper, Schnurpendel und Handleuchter.

a) In und an Beleuchtungskörpern müssen die Leitungen mit einer Isolierhülle gemäß § 19 versehen sein. Fassungsadern dürfen nicht als Zuleitung zu ortsveränderlichen Beleuchtungskörpern verwendet werden.

Wird die Leitung an der Außenseite des Beleuchtungskörpers geführt, so muß sie so befestigt sein, daß sie sich nicht verschieben und durch scharfe

Kanten nicht verletzt werden kann. *Bei Hochspannung dürfen die Leitungen von zugänglichen Beleuchtungskörpern nur geschützt geführt werden.*

    1. Die zur Aufnahme von Drähten bestimmten Hohlräume von Beleuchtungskörpern sollen so beschaffen sein, daß die einzuführenden Drähte sicher ohne Verletzung der Isolierung durchgezogen werden können; die engsten für zwei Drähte bestimmten Rohre sollen bei Niederspannung wenigstens 6 mm, *bei Hochspannung wenigstens 12 mm* im Lichten haben.

    2. Bei Niederspannung sollen Abzweigstellen in Beleuchtungskörpern tunlichst zusammengefaßt werden.

    3. *Bei Hochspannung sollen Abzweig- und Verbindungsstellen in Beleuchtungskörpern nicht angeordnet werden.*

    4. Beleuchtungskörper sollen so angebracht werden, daß die Zuführungsdrähte nicht durch Bewegen des Körpers verletzt werden können; Fassungen sollen an den Beleuchtungskörpern zuverlässig befestigt sein.

b) *Bei Hochspannung sind zugängliche Beleuchtungskörper nur bei Gleichstrom und nur bis 1000 V gestattet. Ihre Metallkörper müssen geerdet sein.*

c) Werden die Zuleitungen als Träger des Beleuchtungskörpers verwendet (Schnurpendel), so müssen die Anschlußstellen von Zug entlastet sein.

d) *Bei Hochspannung sind Schnurpendel unzulässig.*

e) Körper und Griff der Handlampen (Handleuchter) müssen aus feuer-, wärme- und feuchtigkeitssicherem Isolierstoff von großer Schlag- und Bruchfestigkeit bestehen. Die spannungsführenden Teile müssen auch während des Einsetzens der Lampe, mithin auch ohne Schutzglas, durch ausreichend mechanisch widerstandsfähige und sicher befestigte Verkleidungen gegen zufällige Berührung geschützt sein.

Sie müssen Einrichtungen besitzen, mit deren Hilfe die Anschlußstellen der Leitungen von Zug entlastet und deren Umhüllungen gegen Abstreifen gesichert werden können. Die Einführungsöffnung muß die Verwendung von Werkstoffschnüren und Gummischlauchleitungen (siehe § 19 III) gestatten und mit Einrichtungen zum Schutz der Leitungen gegen Verletzung versehen sein.

Metallene Griffauskleidungen sind verboten.

Jeder Handleuchter muß mit Schutzkorb oder -glas versehen sein. Schutzkorb, Schirm, Aufhängevorrichtung aus Metall oder dgl. müssen auf dem Isolierkörper befestigt sein. Schalter an Handleuchtern sind nur für Niederspannungsanlagen zulässig; sie müssen den Vorschriften für Dosenschalter entsprechen und so in den Körper oder Griff eingebaut werden, daß sie bei Gebrauch des Leuchters nicht unmittelbar mechanisch beschädigt werden können. Alle Metallteile des Schalters müssen auch bei Bruch der Handhabungsteile der zufälligen Berührung entzogen bleiben.

Handleuchter für feuchte und durchtränkte Räume sowie solche zur Beleuchtung in Kesseln müssen mit einem sicher befestigten Überglas und Schutzkorb versehen sein und dürfen keine Schalter besitzen. An der Eintrittstelle müssen die Leitungen durch besondere Mittel gegen das Eindringen von Feuchtigkeit und gegen Verletzung geschützt sein.

f) **Maschinenleuchter ohne Griffe.** Zur ortsveränderlichen Aufhängung an Maschinen und sonstigen Arbeitsgeräten und zum gelegentlichen

Ableuchten von Hand müssen Körper, Schirm, Schutzkorb und Schalte
den Bestimmungen für Handleuchter entsprechen. Die gleichen Bestim
mungen gelten in bezug auf Berührungsschutz spannungsführender Teile
Bemessung der Einführungsbohrung und hinsichtlich der Einrichtunge
für Zugentlastung der Leitungsanschlüsse sowie des Schutzes der Leitunge
an der Einführungsstelle.

g) **Ortsveränderliche Werktischleuchter.** Spannungsführend
Teile der Fassung und der Lampe, und zwar die Teile der letztgenannten
auch während diese eingesetzt wird, müssen durch sicher befestigte, besonder
widerstandsfähige Schutzkörper gegen zufällige Berührung geschützt sein

Zur Entlastung der Kontaktstellen und zum Schutz der Leitungs
umhüllung gegen Abstreifen und Beschädigung an der Einführungsstell
sind geeignete Vorrichtungen vorzusehen. Die Einführungsöffnung muß
in dauerhafter Weise mit Isolierstoff ausgekleidet sein. Die spannungs
führenden Teile der Fassung müssen gegen die übrigen Metallteile besonder
sicher isoliert sein. Das Gehäuse der Fassung muß aus Isolierstoff bestehen

Fassungen an Werktischleuchtern, die zum gelegentlichen Ableuchter
aus dem Halter entfernt werden, müssen den Bedingungen für Maschinen
leuchter entsprechen.

h) *Bei Hochspannung sind Handleuchter nicht zulässig (Ausnahme sieh*
§ 28 k).

G. Beschaffenheit und Verlegung der Leitungen.

§ 19.
Beschaffenheit isolierter Leitungen.

a) Isolierte Leitungen müssen den „Vorschriften für isolierte Leitungen
in Starkstromanlagen" entsprechen.

1. Leitungen, die nur durch eine Umhüllung gegen chemische Einflüsse geschützt
sind, sollen den „Normen für umhüllte Leitungen in Starkstromanlagen" entsprechen.
Sie gelten nicht als isolierte Leitungen. Man unterscheidet folgende Arten:

Wetterfeste Leitungen,
Nulleiterdrähte,
Nulleiter für Verlegung im Erdboden.

2. Man unterscheidet folgende Arten von isolierten Leitungen:

I. Leitungen für feste Verlegung.

Gummiaderleitungen für Spannungen bis 750 V.
Spezialgummiaderleitungen für alle Spannungen.
Rohrdrähte für Niederspannungsanlagen zur erkennbaren Verlegung, die es ermög-
licht, den Leitungsverlauf ohne Aufreißen der Wände zu verfolgen.
Panzeradern nur zur festen Verlegung für Spannungen bis 1000 V.

II. Leitungen für Beleuchtungskörper.

Fassungsadern zur Installation nur in und an Beleuchtungskörpern in Niederspannungsanlagen.

III. Leitungen zum Anschluß ortsveränderlicher Stromverbraucher.

Gummiaderschnüre (Zimmerschnüre) für geringe mechanische Beanspruchung in
trockenen Wohnräumen in Niederspannungsanlagen.
Leichte Anschlußleitungen für geringe mechanische Beanspruchung in Werkstätten
in Niederspannungsanlagen.

Werkstattschnüre für mittlere mechanische Beanspruchung in Werkstätten- und Wirtschaftsräumen in Niederspannungsanlagen.

Gummischlauchleitungen:

1. Leichte Ausführung zum Anschluß von Tischlampen und leichten Zimmergeräten für geringe mechanische Beanspruchungen in Niederspannungsanlagen.
2. Mittlere Ausführung zum Anschluß von Küchengeräten usw. für mittlere mechanische Beanspruchungen in Niederspannungsanlagen.
3. Starke Ausführung für besonders hohe mechanische Anforderungen für Spannungen bis 750 V.

Spezialschnüre, für rauhe Betriebe in Gewerbe, Industrie und Landwirtschaft in Niederspannungsanlagen.

Hochspannungsschnüre für Spannungen bis 1000 V.

Leitungstrossen, geeignet zur Führung über Leitrollen und Trommeln (ausgenommen Pflugleitungen).

IV. Bleikabel.

Gummi-Bleikabel.

Papier-Bleikabel.

Einleiter-Gleichstrom-Bleikabel bis 750 V.

Verseilte Mehrleiter-Bleikabel.

§ 20.
Bemessung der Leitungen.

a) Elektrische Leitungen sind so zu bemessen, daß sie bei den vorliegenden Betriebsverhältnissen genügende mechanische Festigkeit haben und keine unzulässigen Erwärmungen annehmen können (vgl. § 2 h).

1. Bei Dauerbetrieb dürfen isolierte Leitungen und Schnüre aus Leitungskupfer mit den in nachstehender Tafel, Spalte 2, verzeichneten Stromstärken belastet werden:

Blanke Kupferleitungen bis zu 50 mm² unterliegen gleichfalls den Regeln der Tafel (Spalte 2 und 3). Auf blanke Kupferleitungen über 50 mm², sowie auf Fahrleitungen, ferner auf isolierte Leitungen jeden Querschnittes für aussetzende Betriebe finden die Bestimmungen der Spalten 2 und 3 keine Anwendung; solche Leitungen sind in jedem Falle so zu bemessen, daß sie durch den stärksten normal vorkommenden Betriebsstrom keine für den Betrieb oder die Umgebung gefährliche Temperatur annehmen können.

Für die Belastung von Kabeln gelten die

1	2	3	4
	Dauerbetrieb		Aussetzende Betriebe
Querschnitt in mm²	Höchstzulässige Dauerstromstärke in A	Nennstromstärke für entsprechende Abschmelzsicherung in A	Höchstzulässige Vollstromstärke in A
0,5	7,5	6	7,5
0,75	9	6	9
1	11	6	11
1,5	14	10	14
2,5	20	15	20
4	25	20	25
6	31	25	35
10	43	35	60
16	75	60	105
25	100	80	140
35	125	100	175
50	160	125	225
70	200	160	280
95	240	200	335
120	280	225	400
150	325	260	460
185	380	300	530
240	450	350	630
300	540	430	730
400	640	500	900
500	760	600	—
625	880	700	—
800	1050	850	—
1000	1250	1000	—

in den Vorschriften „für isolierte Leitungen in Starkstromanlagen" auf Kabel bezüglichen Bestimmungen.

2. Bei aussetzendem Betrieb ist die Erhöhung der Belastung der Leitungen von 10 mm² aufwärts auf die Werte des Vollaststromes für aussetzenden Betrieb der Spalte 4, die etwa 40% höher als die Werte der Spalte 2 sind, zulässig, falls die relative Einschaltdauer 40% und die Spieldauer 10 min nicht überschreiten. Bedingt die häufige Beschleunigung größerer Massen bei Bemessung des Motors einen Zuschlag zur Beharrungsleistung, so ist dementsprechend auch der Leitungsquerschnitt reichlicher als für den Vollaststrom im Beharrungszustande zu bemessen.

Bei aussetzenden Motorbetrieben darf die Nennstromstärke der Sicherungen höchstens das 1,5-fache der Werte der Spalte 4 betragen.

Der Auslösestrom der Selbstschalter ohne Verzögerung darf bei aussetzenden Motorbetrieben höchstens das 3-fache der Werte von Spalte 4 betragen. Bei Selbstschaltern mit Verzögerung muß die Auslösung bei höchstens 1,6-fachem Vollaststrom beginnen und die Verzögerungsvorrichtung bei dem 1,1-fachen Wert des Vollaststromes zurückgehen.

Diese Regel gilt nicht für Fahr- und Speiseleitungen (siehe 34o und Regel 3) sowie nicht für Leitungen in Fahrzeugen (siehe § 361 und o, Regeln 5 und 7).

3. Bei kurzseitigem Betrieb gelten die unter 2 genannten Regeln für aussetzenden Betrieb, jedoch sind Belastungen nach Spalte 4 nur zulässig, wenn die Dauer einer Einschaltung 4 min nicht überschreitet, anderenfalls gilt Spalte 2.

Diese Regel gilt nicht für Fahr- und Speiseleitungen (siehe § 34o und Regel 3) sowie nicht für Leitungen in Fahrzeugen (siehe § 361 und o, Regeln 5 und 7).

4. Der geringstzulässige Querschnitt für Kupferleitungen beträgt:

für Leitungen an und in Beleuchtungskörpern, nicht aber für Anschlußleitungen an solche (siehe § 18a) . . . . 0,5 mm²
für Pendelschnüre, runde Zimmerschnüre und leichte Gummischlauchleitungen. . . . . 0,75 „
für isolierte Leitungen und für umhüllte Leitungen bei Verlegung in Rohr,
   sowie für ortsveränderliche Leitungen mit Ausnahme der Pendelschnüre
   usw.. . . . . 1 „
für isolierte Leitungen in Gebäuden und im Freien, bei denen der Abstand
   der Befestigungspunkte mehr als 1 m beträgt 4 „
für blanke Leitungen bei Verlegung in Rohr . . . . 1,5 „
für blanke Leitungen in Gebäuden und im Freien (vgl. auch § 3, Regel 4) 4 „
für Freileitungen mit Spannweiten bis zu 35 m und Niederspannung . . 6 „
für Freileitungen in allen anderen Fällen . . . . 10 „

5. Bei Verwendung von Leitern aus Kupfern von geringerer Leitfähigkeit oder anderen Metallen, z. B. auch bei Verwendung der Metallhülle von Leitungen als Rückleitung, sollen die Querschnitte so gewählt werden, daß sowohl Festigkeit wie Erwärmung durch den Strom den im vorigen für Leitungskupfer gegebenen Querschnitten entsprechen.

§ 21.
Allgemeines über Leitungsverlegung.

a) Festverlegte Leitungen müssen durch ihre Lage oder durch besondere Verkleidung vor mechanischer Beschädigung geschützt sein; soweit sie unter Spannung gegen Erde stehen, ist im Handbereich stets eine besondere Verkleidung zum Schutze gegen mechanische Beschädigung erforderlich (Ausnahmen siehe §§ 8c, 28g und 30a).

1. Bei bewehrten Bleikabeln und metallumhüllten Leitungen gilt die Metallhülle als Schutzverkleidung

Mechanisch widerstandsfähige Rohre (siehe § 26) gelten als Schutzverkleidung.

Panzeradern soll gegen chemische und nach den örtlichen Verhältnissen auch gegen mechanische Angriffe geschützt werden.

b) Bei Hochspannung müssen Schutzverkleidungen aus Metall geerdet, solche aus Isolierstoff feuersicher sein.

c) Ortsveränderliche Leitungen und bewegliche Leitungen, die von festverlegten abgezweigt sind, bedürfen, wenn sie rauher Behandlung ausgesetzt sind, eines besonderen Schutzes.

2. In Betriebsstätten sollen ungeschützte Schnüre nicht verwendet werden. Besteht der Schutz aus Metallbewehrung, so empfiehlt es sich, ihn zu erden.

d) Geerdete Leitungen können unmittelbar an Gebäuden befestigt oder in die Erde verlegt werden, jedoch ist eine Beschädigung der Leitungen durch die Befestigungsmittel oder äußere Einwirkung zu verhüten.

3. Strecken einer geerdeten Betriebsleitung sollen nicht durch Erde allein ersetzt werden.

e) Ungeerdete blanke Leitungen dürfen nur auf zuverlässigen Isolierkörpern verlegt werden.

f) Ungeerdete blanke Leitungen müssen, soweit sie nicht unausschaltbare, gleichpolige Parallelzweige bilden, in einem der Spannweite, Drahtstärke und Spannung angemessenen Abstand voneinander und von Gebäudeteilen, Eisenkonstruktionen u. dgl. entfernt sein.

4. Ungeerdete blanke Leitungen sollen, wenn sie nicht unausschaltbare Parallelzweige sind, in der Regel bei Spannweiten von mehr als 6 m etwa 20 cm, bei Spannweiten von 4—6 m etwa 15 cm und bei kleineren Spannweiten etwa 10 cm voneinander, in allen Fällen aber etwa 5 cm von der Wand oder von Gebäudeteilen entfernt sein (siehe § 21²).

5. Bei Verbindungsleitungen zwischen Akkumulatoren, Maschinen und Schalttafeln, ferner bei Zellenschalterleitungen und bei parallel geführten Speise-, Steig- und Verteilungsleitungen können starke Kupferschienen sowie starke Kupferdrähte in kleineren Abständen voneinander verlegt werden.

Kleinere Abstände zwischen den Leitungen sind nur zulässig, wenn sie durch geeignete Isolierkörper gewährleistet sind, die nicht mehr als 1 m voneinander entfernt sind.

6. Bei blanken Hochspannungsleitungen sollen als Abstände der Leitungen gegen andere Leitungen, gegen die Wand, Gebäudeteile und gegen die eigenen Schutzverkleidungen folgende Maße eingehalten werden:

Betriebsspannung in V	Mindestabstand in cm
bis 750	4
,, 3000	10
,, 5000	—
,, 6000	10
,, 10000	12,5
,, 15000	—
,, 25000	18
,, 35000	24
,, 50000	35
,, 60000	47
,, 100000	—

7. Hochspannungsleitungen sind längs der Außenseite von Gebäuden möglichst zu vermeiden. Ist dieses nicht möglich, so sollen die gleichen Abstände wie in Regel 6 eingehalten werden, jedoch bei einem Mindestabstand von 10 cm. Hierbei sind etwaige Schwingungen der gespannten Leitungen zu berücksichtigen (siehe auch § 22b). Ausgenommen hiervon sind bewehrte Kabel.

g) Isolierte Leitungen ohne metallene Schutzhülle dürfen entweder offen auf geeigneten Isolierkörpern oder in Rohren verlegt werden. Dieses gilt nicht für Fahrzeuge. Die feste Verlegung von Mehrfachleitungen ist unzulässig.

8. Leitungen sollen in der Regel so verlegt werden, daß sie ausgewechselt werden können (siehe § 26 [4]). Rohrdrähte sollen nicht eingemauert oder eingeputzt werden.

9. Isolierte offen verlegte Leitungen sollen bei Niederspannung im Freien mindestens 2 cm, in Gebäuden mindestens 1 cm von der Wand entfernt gehalten werden.

10. Isolierte Leitungen mit metallener Schutzhülle (Rohrdrähte, Panzerader usw.) können im Freien an maschinellen Aufbauten und Apparaten, die ständiger Überwachung unterstehen (wie Krane, Schiebebühnen usw.), unmittelbar auf Wänden, Maschinenteilen u. dgl. mit Schellen befestigt werden.

Gegen chemische und atmosphärische Angriffe soll die Schutzhülle gesichert sein.

11. Bei Einrichtungen, an denen ein Zusammenlegen von Leitungen in größerer Zahl unvermeidlich ist (z. B. Regelvorrichtungen, Schaltanlagen), dürfen isolierte Leitungen so verlegt werden, daß sie sich berühren, wenn eine Lagenveränderung ausgeschlossen ist.

12. Bei Hochspannung über 1000 V sollen auf Glocken, Rollen usw. verlegte isolierte Leitungen mit den für blanke Leitungen geforderten Mindestabständen verlegt werden, wenn ihre Isolierhülle nicht gegen Verwitterung geschützt ist. Bei Spannungen unter 1000 V gelten 2 cm als ausreichener Abstand.

h) Bei Leitungen, oder Kabeln für Ein- und Mehrphasenstrom, die eisenumhüllt oder durch Eisenrohre geschützt sind, müssen sämtliche zu einem Stromkreis gehörende Leitungen in der gleichen Eisenhülle enthalten sein, wenn bei Einzelverlegung eine bedenkliche Erwärmung der Eisenhüllen zu befürchten ist (siehe § 26 c).

i) Die Verbindung von Leitungen untereinander sowie die Abzweigung von Leitungen dürfen nur durch Lötung, Verschraubung oder gleichwertige Mittel bewirkt werden.

13. Die Verbindung der Leitungen mit den Apparaten, Maschinen, Sammelschienen und Stromverbrauchern soll durch Schrauben oder gleichwertige Mittel ausgeführt werden.

Schnüre oder Drahtseile bis zu 6 mm² und Einzeldrähte bis zu 16 mm² Kupferquerschnitt können mit angebogenen Ösen an den Apparaten befestigt werden. Drahtseile über 6 mm² sowie Drähte über 16 mm² Kupferquerschnitt sollen mit Kabelschuhen oder gleichwertigen Verbindungsmitteln versehen sein. Bei Schnüren und Drahtseilen jeder Art sollen die einzelnen Drähte jedes Leiters, wenn sie nicht Kabelschuhe oder gleichwertige Verbindungsmittel erhalten, an den Enden miteinander verlötet sein.

14. Verbindungen von Schnüren untereinander oder zwischen Schnüren und anderen Leitungen sollen nicht durch Verlötung, sondern durch Verschraubung auf isolierender Unterlage oder durch gleichwertige Vorrichtungen hergestellt sein. An und in Beleuchtungskörpern sind bei Niederspannung auch für Schnüre Lötungen zulässig.

k) Bei Verbindungen oder Abzweigungen von isolierten Leitungen ist die Verbindungsstelle in einer der übrigen Isolierung möglichst gleichwertigen Weise zu isolieren. Wo die Metallbewehrungen und metallenen Schutzverkleidungen geerdet werden müssen, sind sie an den Verbindungsstellen gut leitend zu verbinden.

l) Ortsveränderliche Leitungen dürfen an festverlegte nur mit lösbaren Verbindungen angeschlossen werden.

m) Jede ortsveränderliche Leitung muß ihren eigenen Stecker erhalten.

n) Jede ortsveränderliche Leitung muß an den Anschlußstellen ihrer beiden Enden von Zug entlastet und in ihrer Umhüllung sicher gefaßt sein.

o) Kreuzungen stromführender Leitungen unter sich und mit Metallteilen sind so auszuführen, daß Berührung ausgeschlossen ist.

p) Maßnahmen sind zu treffen, um die Gefährdung von Fernmeldeleitungen durch Starkstromleitungen zu verhindern.

15. Bezüglich der Sicherung vorhandener Fernsprech- und Telegraphenleitungen wird auf das Gesetz über das Telegraphenwesen des Deutschen Reiches vom 6. April 1892 und auf das Telegraphenwegegesetz vom 18. Dezember 1899 verwiesen.

§ 22.
Freileitungen.

a) Ungeerdete Freileitungen dürfen nur auf Porzellanglocken oder gleichwertigen Isoliervorrichtungen verlegt werden.

b) Freileitungen sowie Apparate an Freileitungen sind so anzubringen, daß sie ohne besondere Hilfsmittel weder vom Erdboden noch von Dächern, Ausbauten, Fenstern und anderen von Menschen betretenen Stätten aus zugänglich sind; wenn diese Stätten selbst nur durch besondere Hilfsmittel zugänglich sind, genügt es, bei Niederspannung die Leitungsstrecken mit wetterfester Umhüllung auszuführen oder besondere Schutzwehren mit Warnungsschild anzuordnen. Bei Wegeübergängen müssen die Leitungen einen angemessenen Abstand vom Erdboden oder einen geeigneten Schutz gegen Berührung erhalten.

1. Es empfiehlt sich, solche Strecken von Freileitungen, die unter Umständen der Gefahr einer Berührung ausgesetzt sind, neben der Anwendung der gemäß b) verlangten Maßnahmen abschaltbar zu machen.

2. Als wetterfest imprägnierte Leitung gilt die in den „Normen für umhüllte Leitungen in Starkstromanlagen" festgesetzte Ausführung.

3. *Ungeschützte Freileitungen für Hochspannung sollen in der Regel mit ihren tiefsten Punkten mindestens 6 m von der Erde und bei befahrenen Wegübergängen mindestens 7 m von der Fahrbahn entfernt sein.*

c) *Träger und Schutzverkleidungen von Freileitungen, die mehr als 750 V gegen Erde führen, müssen durch einen roten Blitzpfeil sichtbar gekennzeichnet sein.*

d) Leitungen, Schutznetze und ihre Träger müssen genügend widerstandsfähig (auch gegen Winddruck und Schneelast) sein.

Die Ausführung und Bemessung von Freileitungen muß nach den „Vorschriften für Starkstrom-Freileitungen" erfolgen.

4. Freileitungen können mit größeren Stromstärken belastet werden, als der Tafel in § 20[1] entspricht, wenn dadurch ihre Festigkeit nicht merklich leidet.

e) *Bei Freileitungen für Hochspannung müssen blanke Leitungen verwendet werden wo ätzende Dünste zu befürchten sind, ist ein schützender Anstrich gestattet.*

f) *Bei Freileitungen für Hochspannung müssen Eisenmaste und Eisenbetonmaste mit Stützenisolatoren geerdet werden.*

Werden dagegen Hängeisolatorenketten mit mehreren Gliedern verwendet, so wird unter der Voraussetzung die Erdung der Maste nicht gefordert, daß durch erhöhte Gliederzahl ein der nachstehenden Zahlentafel entsprechender

Sicherheitsgrad gewährleistet ist und Vorkehrungen getroffen sind, die das Auftreten von Dauererdschlüssen an den Masten unmöglich oder unwahrscheinlich machen, z. B. umgekehrte Tannenform, selbsttätige Erdschlußabschaltung u. dgl.

Zahlentafel.

Verkettete Betriebsspannung in kV	Mindestüberschlagsspannung der Kette unter Regen (nach den Leitsätzen für die Prüfung von Hängeisolatoren) in kV
50	130
60	150
80	190
100	230

Ferner müssen bei der Führung der Leitungen, an Wänden und solchen Holzmasten, die sich an verkehrsreichen Stellen befinden, Isolatorstützen und Träger geerdet werden.

g) In die Betätigungsgestänge von Schaltern an Holzmasten sind Isolatoren einzuschalten, wenn eine zuverlässige Erdung des Schalters nicht gewährleistet werden kann. In diesem Falle ist nicht das Gestell selbst, sondern das Betätigungsgestänge unterhalb der Isolatoren zu erden.

Ankerdrähte an Holzmasten sind, wenn irgend angängig, zu vermeiden. Kann von ihrer Verwendung nicht abgesehen werden, so sollen sie nicht unmittelbar am Eisen der Traversen oder Stützen, sondern am Holz in möglichst großer Entfernung von den Eisenteilen angreifen. Sie sind außerdem über Reichhöhe mit Abspannisolatoren für die volle Betriebsspannung zu versehen und unterhalb dieser Isolatoren zu erden.

h) Bei parallel verlaufenden oder sich kreuzenden Freileitungen, die an getrenntem oder gemeinsamem Gestänge geführt sind, sind die Drähte so zu führen oder es sind Vorkehrungen zu treffen, daß eine Berührung der beiden Arten von Leitungen miteinander verhütet oder ungefährlich gemacht wird (siehe auch § 4a).

i) Fernmelde-Freileitungen, die an einem Freileitungsgestänge für Hochspannung geführt sind, müssen so eingerichtet sein, daß gefährliche Spannungen in ihnen nicht auftreten können, oder sie sind wie Hochspannungsleitungen zu behandeln. Fernsprechstellen müssen so eingerichtet sein, daß auch bei Berührung zwischen den beiderseitigen Leitungen eine Gefahr für die Sprechenden ausgeschlossen ist.

5. Fernmelde-Freileitungen sollen entweder auf besonderem Gestänge oder bei gemeinsamem Gestänge in angemessenem Abstand unterhalb der Starkstromleitungen verlegt werden.

k) *Wenn eine Hochspannungsleitung über Ortschaften, bewohnte Grundstücke und gewerbliche Anlagen geführt wird, oder wenn sie sich einem verkehrsreichen Fahrweg soweit nähert, daß die Vorübergehenden durch Drahtbrüche gefährdet werden können, so müssen Vorrichtungen angebracht werden, die das Herabfallen der Leitungen verhindern oder herabgefallene Teile selbst spannungslos machen, oder es müssen innerhalb der fraglichen Strecke alle Teile der Leitungsanlage mit entsprechend erhöhter Sicherheit ausgeführt werden.*

6. *Schutznetze für Hochspannungsleitungen sind möglichst zu vermeiden. Ist dieses nicht möglich, so sollen sie so gestaltet oder angebracht sein, daß sie auch bei starkem Winde mit den Hochspannungsleitungen nicht in Berührung kommen können und einen gebrochenen Draht mit Sicherheit abfangen.*

Sie sollen, wenn sie nicht geerdet werden können, der höchsten vorkommenden Spannung entsprechend isoliert sein.

1) Hochspannungs-Freileitungen zur Versorgung ausgedehnter gewerblicher Anlagen, größerer Anstalten, Gehöfte u. dgl. müssen während des Betriebes streckenweise spannungslos gemacht werden können.

7. *Dieses soll auch bei Ortschaften den örtlichen Verhältnissen entsprechend beachtet werden.*

§ 23.

Installationen im Freien.

a) Im Freien verlegte Leitungen müssen abschaltbar sein.

b) Im Freien ist die feste Verlegung von ungeschützten Mehrfachleitungen unzulässig (vgl. § 21g).

c) *Träger und Schutzverkleidungen von Hochspannungsleitungen im Freien, die mehr als 750 V gegen Erde führen, müssen durch einen roten Blitzpfeil sichtbar gekennzeichnet sein.*

1. Bei im Freien offen verlegten Leitungen ist der Schutz gegen Berührung besonders zu beachten.

2. Ungeschützte Niederspannungsleitungen im Freien sollen so verlegt werden, daß sie ohne besondere Hilfsmittel nicht berührt werden können, sie sollen jedoch mindestens 2 ½ m vom Erdboden entfernt sein.

3. *Ungeschützte Hochspannungsleitungen im Freien sollen in der Regel mit ihrem tiefsten Punkt mindestens 6 m von der Erde entfernt sein.*

4. Wenn bei Fahrleitungen (ausgenommen solche für Straßenbahnen und Industriebahnen über Tage) die in Regel 2 und 3 genannten Maße nicht eingehalten werden können oder diese Leitungen lose auf Stützpunkten ruhen müssen, so sollen den Betriebsverhältnissen entsprechend Vorsichtsmaßregeln getroffen werden.

5. Apparate sollen tunlichst nicht im Freien untergebracht werden; läßt sich dieses nicht vermeiden, so soll für besonders gute Isolierung, zuverlässigen Schutz gegen Berührung und gegen schädliche Witterungseinflüsse Sorge getragen werden.

§ 24.

Leitungen in Gebäuden.

a) Innerhalb von Gebäuden müssen alle unter Spannung gegen Erde stehenden Leitungen mit einer Isolierhülle im Sinne des § 19 versehen sein.

Nur in Räumen, in dessen erfahrungsgemäß die Isolierhülle durch chemische Einflüsse rascher Zerstörung ausgesetzt ist, ferner für Kontaktleitungen u. dgl. dürfen blanke spannungsführende Leitungen Verwendung finden, wenn sie vor Berührung hinreichend geschützt sind.

b) *Bei Hochspannung sind ungeerdete blanke Leitungen außerhalb elektrischer Betriebs- und Akkumulatorenräume nur als Kontaktleitungen gestattet. Sie müssen an geeigneter Stelle mit Schalter allpolig abschaltbar sein. Für Fahrleitungen (ausgenommen solche für Straßenbahnen und Industriebahnen über Tage) gilt § 23⁴.*

c) Bei Abzweigstellen muß den auftretenden Zugkräften durch geeignete Anordnungen Rechnung getragen werden.

d) Durch Wände, Decken und Fußböden sind die Leitungen so zu führen, daß sie gegen Feuchtigkeit, mechanische und chemische Beschädigung sowie Oberflächenleitung ausreichend geschützt sind.

1. Die Durchführungen sollen entweder der in den betreffenden Räumen gewählten Verlegungsart entsprechen oder es sollen haltbare isolierende Rohre verwendet werden, und zwar für jede einzeln verlegte Leitung und für jede Mehrfachleitung je ein Rohr.

In feuchten Räumen sollen entweder Porzellan- oder gleichwertige Rohre verwendet werden, deren Gestalt keine merkliche Oberflächenleitung zuläßt, oder die Leitungen sollen frei durch genügend weite Kanäle geführt werden.

Über Fußböden sollen die Rohre mindestens 10 cm vorstehen; sie sollen gegen mechanische Beschädigung sörgfältig geschützt sein. *Bei Hochspannung sollen die Rohre außerdem an Decken und Wandflächen mindestens 5 cm vorstehen.*

§ 25.
Isolier- und Befestigungskörper.

a) Holzleisten sind unzulässig.

b) Krampen sind nur zur Befestigung von betriebsmäßig geerdeten Leitungen zulässig, wenn dafür gesorgt ist, daß der Leiter weder mechanisch noch chemisch durch die Art der Befestigung beschädigt wird.

c) Isolierglocken müssen so angebracht werden, daß sich in ihnen kein Wasser ansammeln kann.

d) Isolierkörper müssen so angebracht werden, daß sie die Leitungen in angemessenem Abstand voneinander, von Gebäudeteilen, Eisenkonstruktionen u. dgl. entfernt halten.

1. Bei Führung von Leitungen auf gewöhnlichen Rollen längs der Wand soll auf höchstens 1 m eine Befestigungsstelle kommen. Bei Führung an der Decke können den örtlichen Verhältnissen entsprechend ausnahmsweise größere Abstände gewählt werden.

2. Mehrfachleitungen sollen nicht so befestigt werden, daß ihre Einzelleiter aufeinandergepreßt sind.

§ 26.
Rohre.

a) Rohre und Zubehörteile (Dosen, Muffen, Winkelstücke usw.) aus Papier müssen imprägniert sein und einen Metallüberzug haben.

1. Dosen sollen entweder feste Stutzen oder hinreichende Wandstärke zur Aufnahme der Rohre haben.

2. Rohrähnliche Winkel-, T-, Kreuzstücke u. dgl. sollen als Teile des Rohrsystems in gleicher Weise ausgekleidet sein wie die Rohre selbst, scharfe Kanten im Innern sind auf alle Fälle zu vermeiden.

b) *Rohre aus Metall oder mit Metallüberzug müssen bei Hochspannung in solcher Stärke verwendet werden, daß sie auch den zu erwartenden mechanischen und chemischen Angriffen widerstehen.*

Bei Hochspannung sind die Stoßstellen metallener Rohre metallisch zu verbinden und die Rohre zu erden.

c) In ein und dasselbe Rohr dürfen nur Leitungen verlegt werden, die zu dem gleichen Stromkreise gehören (siehe §§ 21h und 28i).

d) Drahtverbindungen und Abzweigungen innerhalb der Rohrsysteme sind nur in Dosen, Abzweigkasten, T- und Kreuzstücken und nur durch Verschraubung auf isolierender Unterlage zulässig.

3. Rohre sollen so verlegt werden, daß sich in ihnen kein Wasser ansammeln kann.

4. Bei Rohrverlegungen sollen im allgemeinen die lichte Weite, sowie die Anzahl und der Halbmesser der Krümmungen so gewählt sein, daß man die Drähte einziehen und entfernen kann. Von der Auswechselbarkeit der Leitungen kann abgesehen werden, wenn die Rohre offen verlegt und jederzeit zugänglich sind. Die Rohre sollen an den freien Enden mit entsprechenden Armaturen, z. B. Tüllen, versehen sein, so daß die Isolierung der Leitungen durch vorstehende Teile und scharfe Kanten nicht verletzt werden kann.

5. Unter Putz verlegte Rohre, die für mehr als einen Draht bestimmt sind, sollen mindestens 11 mm lichte Weite haben.

§ 27.

Kabel.

a) Blanke und asphaltierte Bleikabel dürfen nur so verlegt werden, daß sie gegen mechanische und chemische Beschädigungen geschützt sind.

1. Bleikabel jeder Art, mit Ausnahme von Gummi-Bleikabeln bis 750 V, dürfen nur mit Endverschlüssen, Muffen oder gleichwertigen Vorkehrungen, die das Eindringen von Feuchtigkeit verhindern und gleichzeitig einen guten elektrischen Anschluß gestatten, verwendet werden.

b) Es ist darauf zu achten, das an den Befestigungsstellen der Bleimantel nicht eingedrückt oder verletzt wird; Rohrhaken sind unzulässig.

Bei freiliegenden Kabeln ist eine brennbare Umhüllung verboten.

c) Prüfdrähte sind wie die zugehörenden Kabeladern zu behandeln.

Bei Hochspannung sind sie so anzuschließen, daß sie nur zur Kontrolle der zugehörenden Kabeladern dienen.

H. Behandlung verschiedener Räume.

Für die in den §§ 28—32 behandelten Räume treten die allgemeinen Vorschriften insoweit außer Kraft, als folgende Sonderbestimmungen Abweichungen enthalten.

§ 28.

Elektrische Betriebsräume.

a) Entgegen § 3a kann in Niederspannungsanlegen von dem Schutz gegen zufällige Berührung blanker, unter Spannung gegen Erde stehender Teile insoweit abgesehen werden, als dieser Schutz nach den örtlichen Verhältnissen entbehrlich oder der Bedienung und Beaufsichtigung hinderlich ist.

b) *Entgegen § 3b kann bei Hochspannung die Schutzvorrichtung insoweit auf einen Schutz gegen zufällige Berührung beschränkt werden, als ein erhöhter Schutz nach den örtlichen Verhältnissen entbehrlich oder der Bedienung und Beaufsichtigung hinderlich ist.*

c) *Bei Hochspannung sind auch solche blanke Leitungen gestattet, die nicht Kontaktleitungen sind (siehe § 24b). Sie müssen jedoch nach § 3b der Berührung entzogen sein.*

d) Schalter, mit Ausnahme von Ölschaltern, brauchen der Bestimmung in § 11a, Absatz 1 nur bei der Stromstärke zu genügen, für deren Unter-

brechung sie bestimmt sind. Auf solchen Schaltern ist außer der Betriebsspannung und Betriebsstromstärke auch die zulässige Ausschaltstromstärke
zu vermerken.

e) Entgegen § 11h können Nulleiter und betriebsmäßig geerdete Leitungen auch einzeln abtrennbar gemacht werden.

f) Entgegen § 12b sind auch bei nicht allpolig abschaltbaren Anlassern
besondere Ausschalter nicht notwendig.

> 1. Entgegen § 12² sind Schutzverkleidungen für Anlasser und Widerstände nicht
> unbedingt erforderlich.

g) Die in § 21a geforderte Schutzverkleidung ist bei Niederspannung
und bei *isolierten Hochspannungsleitungen unter 1000 V* nur insoweit erforderlich, als die Leitungen mechanischer Beschädigung ausgesetzt ist.

h) Aus besonderen Betriebsrücksichten kann entgegen § 14b von der
Unverwechselbarkeit der Schmelzeinsätze Abstand genommen werden.

i) Bei Schalt- und Signalanlagen ist es entgegen § 26c gestattet, Leitungen verschiedener Stromkreise in einem Rohr zu verlegen.

k) *Entgegen § 18i sind Handleuchter bei Gleichstrom bis 1000 V zulässig.*

§ 29.
Abgeschlossene elektrische Betriebsräume.

a) In solchen Räumen gelten die Bestimmungen für elektrische *Betriebsräume mit der Maßgabe, daß bei Hochspannung ein Schutz der unter Spannung stehenden Teile nur gegen zufällige Berührung durchgeführt werden
muß.*

> 1. *Als Hilfsmittel gegen zufälliges Berühren spannungsführender Teile kommen in Be
> tracht: Trennwände zwischen den Feldern der Schaltanlage, Trennwände zwischen den
> einzelnen Phasen, Schutzgitter, feste und zuverlässig befestigte Geländer, selbsttätige Aus
> schalt- oder Verriegelungsvorrichtungen.*
>
> 2. *Der Verschluß der Räume soll so eingerichtet sein, daß der Zutritt nur den berufenen
> Personen möglich ist.*

b) *Bei Hochspannung dürfen entgegen § 7a Transformatoren ohne geerdete
Metallgehäuse und ohne besonderen Schutzverschlag aufgestellt werden, wenn
ihr Körper geerdet ist.*

§ 30.
Betriebsstätten.

a) Entgegen § 21a dürfen bei Niederspannung die im Handbereich
liegenden Zuführungsleitungen zu Maschinen ungeschützt verlegt werden,
wenn sie einer Beschädigung nicht ausgesetzt sind.

b) *Bei Hochspannung müssen ausgedehnte Verteilungsleitungen während
des Betriebes für Notfälle ganz oder streckenweise spannungslos gemacht
werden können.*

§ 31.
Feuchte, durchtränkte und ähnliche Räume.

a) Die nicht geerdeten nach diesen Räumen führenden Leitungen
müssen allpolig abschaltbar sein.

b) *Für Spannungen über 1000 V sind nur Kabel zulässig.*

c) Festverlegte Mehrfachleitungen sind nicht zulässig.

d) Ortsveränderliche Leitungen müssen durch eine schmiegsame Umhüllung gegen Beschädigungen besonders geschützt sein.

1. Bei offen verlegten Leitungen ist der Schutz gegen Berührung (siehe § 3 besonders zu beachten.

2. Offen verlegte ungeerdete blanke Leitungen sollen in einem Abstand von mindestens 5 cm voneinander und 5 cm von der Wand auf zuverlässigen Isolierkörpern
verlegt werden (siehe § 24⁴). Sie können mit einem der Natur des Raumes entsprechenden haltbaren Anstrich versehen sein.

Schutzrohre sollen gegen mechanische und chemische Angriffe hinreichend widerstandsfähig sein.

3. Motoren und Apparate sollen tunlichst nicht in solchen Räumen untergebracht
werden; läßt sich dieses nicht vermeiden, so soll für besonders gute Isolierung, guten
Schutz gegen Berührung und gegen die obwaltenden schädlichen Einflüsse Sorge
getragen werden; die nicht spannungsführenden, der Berührung zugänglichen Metallteile sollen gut geerdet werden.

e) Stromverbraucher müssen so eingerichtet sein, daß sie zum Zweck
der Bedienung spannungslos gemacht werden können.

f) Für Beleuchtung ist nur Niederspannung zulässig. Fassungen
müssen aus Isolierstoff bestehen. Schaltfassungen sind verboten.

§ 32.
Akkumulatorenräume (siehe auch § 8).

a) Akkumulatorenräume gelten als abgeschlossene elektrische Betriebsräume.

b) Zur Beleuchtung dürfen nur elektrische Lampen verwendet werden,
deren Leuchtkörper luftdicht abgeschlossen ist.

c) Für geeignete Lüftung ist zu sorgen.

J. Provisorische Einrichtungen, Prüffelder und Laboratorien.

§ 33.

a) Für festverlegte Leitungen sind Abweichungen von den Bestimmungen über Stützpunkte der Leitungen u. dgl. zulässig, doch ist dafür
zu sorgen, daß die Vorschriften hinsichtlich mechanischer Festigkeit, zufälliger gefahrbringender Berührung, Feuersicherheit und Erdung für den
ordnungsmäßigen Gebrauch erfüllt sind.

b) Provisorische Einrichtungen sind durch Warnungstafeln zu kenn-
zeichnen und durch Schutzgeländer, Schutzverschläge oder dgl. gegen den
Zutritt Unberufener abzugrenzen. Bei *Hochspannung sind sie nötigenfalls
unter Verschluß zu halten.* Den örtlichen Verhältnissen ist dabei Rechnung
zu tragen.

Die beweglichen und ortsveränderlichen Einrichtungen sowie die
Beleuchtungskörper, Apparate, Meßgeräte usw. müssen den allgemeinen
Vorschriften genügen.

Bei Schalt- und Verteilungstafeln ist Holz als Baustoff, nicht aber als
Isolierstoff zulässig.

c) Ständige Prüffelder und Laboratorien sind mit festen Abgren-
zungen und entsprechenden Warnungstafeln zu versehen. Fliegende Prüf-

stände sind durch eine auffallende Absperrung (Schranken, Seile oder dgl.) kenntlich zu machen. Unbefugten ist das Betreten der Prüffelder und Prüfstände streng zu verbieten.

1. In ständigen Prüffeldern und Laboratorien für Hochspannung über 1000 V sollen die Stände, in denen unter Spannung gearbeitet wird, gegen die Nachbarschaft abgegrenzt werden, wenn dort gleichzeitig Aufstellungs-, Vorbereitungsarbeiten u. dgl. vorgenommen werden.

2. Ständige Prüffelder und Laboratorien für sehr hohe Spannungen sollen in abgeschlossenen Räumen unteegebracht werden, deren unbefugtes Betreten durch geeignete Einrichtungen verhindert oder ungefährlich gemacht wird.

3. Wenn in Prüffeldern, Laboratorien u. dgl. an den provisorischen Leitungen, an den Apparaten usw. der Schutz gegen zufällige Berührung Hochspannung führender Teile sich nicht durchführen läßt, sollen die Gänge hinreichend breit und der Bedienungsraum genügend groß sein.

d) Versuchsschaltungen in Prüffeldern und Laboratorien, die während des Gebrauchs unter sachkundiger Leitung stehen, unterliegen den allgemeinen Vorschriften nicht.

K. Vorschriften für die Strecke.

§ 34.

Fahrleitungen und am gleichen Tragwerk verlegte Speiseleitungen bis 1650 V(1).

(1) Für diejenigen Speiseleitungen, die als Fahrleitungen an einem besonderen Gestänge verlegt sind, gelten die §§ 19—22 dieser Vorschriften, für Speiseleitungen, die als Kabel verlegt sind, der § 27. Obgleich diese Querschnitte für den § 34 kaum in Frage kommen, sei darauf hingewiesen, daß die neuen allgemeinen Vorschriften, die 1928 in Kraft gesetzt werden sollen, den Mindestquerschnitt für festverlegte Leitungen auf 1,5 mm², für Leitungen in Beleuchtungskörpern auf 0,75 mm² festsetzen werden. Vielfach werden auch Hausanschlüsse an die Arbeitsleitung oder Speiseleitung ausgeführt, auf welche dann die obigen und ferner die §§ 23—26 anzuwenden sind. Diese Hausanschlüsse bedürfen besonderer Beachtung, und sie sollten mindestens für Lichtverbrauch unterbleiben, da die unbedingt erforderliche genaue Einhaltung der Hochspannungsvorschriften auch bei der üblichen Straßenbahnspannung von 600 V für Lichtanlagen nur sehr schwer durchführbar ist. Besonders bieten die §§ 11, 13, 16 und 18 Schwierigkeiten, da leicht die Versuchung besteht, normale Installationsmaterialien zu verwenden. Die Verwendung der unmittelbaren Bahnspannung in Privathäusern, Wirtschaften u. dgl. zu Beleuchtungszwecken ist daher, neben anderen Nachteilen, mit erheblichen Gefahren für Personen und Sachen verbunden. Hierüber herrscht leider selbst in den Kreisen der Installateure wenig Klarheit. Selbstverständlich steht der Verwendung auf Niederspannung umgeformten Bahnstromes nichts entgegen. Für den Dienstgebrauch wird man Ausnahmen zulassen können, zumal es sich meist nur um einen oder doch wenige, leicht zu beaufsichtigende Lichtstromkreise handelt.

Kraftanschlüsse lassen sich zweifellos mit weniger Gefahren herstellen, obwohl man kleine Hochspannungs=Gleichstrommotore deshalb nicht anschließen sollte, weil dieselben nur eine geringe Betriebssicherheit besitzen.

a) *Außer blanken Leitungen sind auch wetterfest umhüllte mit einem Querschnitt von mindestens 10 mm² zulässig* (2).

(2) Der Querschnitt von 10 mm² entspricht dem § 20 Regel 4, und zwar sind dabei Kupferleitungen zugrunde gelegt. Bei Verwendung eines anderen Baustoffes ist Regel 5 des gleichen Paragraphen zu beachten. Da außer Kupfer nur Aluminiumseil, Eisendraht oder Eisenseil verwendet werden darf, muß in solchen Fällen der Querschnitt entsprechend erhöht werden. (Siehe Anm. 15 in den Erläuterungen von Dr. C. L. Weber, XV. Auflage, zu § 20.) Die Zulässigkeit wetterfest umhüllter Leitungen entgegen den allgemeinen Vorschriften (siehe § 22e) erklärt sich aus dem Bedürfnis des Schutzes bei Speiseleitungen gegen Berührung, ohne daß es immer möglich ist, genügende Abstände zu erzielen. Dabei muß der Beobachtung, daß sich die Isolation bei Freileitungen bisher wenig bewährt hat, durch sorgfältige Auswahl entsprechend Rechnung getragen werden. Letztere Leitungen müssen den „Normen für umhüllte Leitungen in Stark=stromanlagen" gültig ab 1. Oktober 1924 entsprechen. Hierbei wird die PLW=Leitung unbedingt vorzuziehen sein, da ihre Prüfspannung 1000 V Wechselstrom beträgt, bei LW dagegen nur 500 V.

b) *Fahrleitungen und Speiseleitungen (Verstärkungsleitungen usw.), die nicht auf Porzellanglocken verlegt sind, müssen gegen Erde doppelt isoliert sein* (3). *Holz ist als zweite Isolierung zulässig* (4).

(3) Bei Arbeitsleitungen (Fahrleitungen) befindet sich in Anordnungen normalen Straßenbahnsystemes eine Isolation meist in der Aufhängung, d. h. der Verbindungsstelle zwischen Fahr= und Querdraht, während die zweite Isolation entweder in der Hausrosette angeordnet oder als besonderer Isolator (in der Hauptsache kommen Schnallenisolatoren in Frage) in den Querdraht eingeschaltet ist. Zum § 22 hat Dr. C. L. Weber erläutert, daß unter Isoliervorrichtungen, die mit Porzellanglocken gleich=wertig sind, solche zu verstehen sind, die, wie die Doppelglocke, zwei hintereinander geschaltete isolierende Strecken besitzt, von denen wenigstens die eine gegen Regen geschützt sein muß. Da die Fahrdrahtaufhängung meist einen Regenschutz besitzt, wird in eingangs geschilderter Anordnung den Bedingungen genügt. Ein einzelner Schnallenisolator stellt zwar an sich ebenfalls eine doppelte Isolation dar, bez. des Regenschutzes genügt er allein aber nicht. Neuzeitliche Vielfachaufhängungen verwenden mit Vorteil Porzellanisolatoren, und hier ist naturgemäß eine Porzellan=doppelglocke für die Aufhängung ausreichend.

Für die Verlegung von Speiseleitungen unter Zuhilfenahme von Porzellanisolatoren am Mast gelten sinngemäß die Bestimmungen des § 22. Wird die Speise= oder Verstärkungsleitung dagegen am Querdraht befestigt, so ist sehr zu überlegen, ob nicht der Verwendung stehender

Porzellanisolatoren (Doppelglocken) der Vorzug zu geben ist. Damit wird obiger Bedingung der doppelten, regengeschützten Isolation Genüge geleistet. Zieht man jedoch, um die mechanisch unsichere Befestigung zu vermeiden, eine Aufhängung am Querdraht vor, so muß dies entweder mit hängenden Porzellandoppelglocken geschehen, und nur dann, wenn die Hausrosette eine regengeschützte Isolation besitzt, können Schnallenisolatoren u. dgl. zur Aufhängung verwendet werden. Bei der Vielfachaufhängung bietet auch die Isolationsfrage von Speiseleitungen weniger Schwierigkeiten, da man sehr oft diese als Tragdraht an der Prozellandoppelglocke ausbildet.

Es ist selbstverständlich, daß mit steigender Betriebsspannung die Abmessungen der Kriechwege zu vergrößern sind. Auch bei Regen soll eben nur eine möglichst geringer Übergang zur Erde stattfinden.

Für die Porzellanisolatoren gelten die „Normen und Prüfvorschriften für Porzellanisolatoren" vom 1. Oktober 1920. Für Isolatoren anderer Ausführung sind Normen usw. noch nicht vorhanden, man wird für diese obige Normen sinngemäß anwenden müssen.

Dem Vorgehen der Reichsbahn-Gesellschaft entsprechend wird man sich, besonders für Vielfachaufhängung auf freier Strecke, wie die Erfahrung lehrt, wohl in Zukunft mit einer einfachen Isolation begnügen können, während die doppelte Isolation schwierigen Fällen vorbehalten bleibt. Bei einer demnächstigen Ergänzung der Bahnvorschriften wird dies zu berücksichtigen sein. Für den Bau von Fahrleitungsanlagen können die „Vorschriften über die Ausführung und die Festigkeitsberechnung der Fahrleitungen für Wechselstrom-Fernbahnen" (Reichsbahn) gültig ab 1. März 1926 sehr gut als Richtlinien dienen.

Die Verhältnisse liegen bei Straßenbahnen, die Querdrähte zwischen Häusern verwenden, etwas anders als bei der Reichsbahn, worauf bei § 34c noch zurückzukommen sein wird.

(4) Holz als zweite Isolierung sollte auf alle diejenigen Fälle beschränkt werden, wo eine Isolierung, wie soeben geschildert, nicht möglich ist. Das kommt in der Hauptsache bei Unterführungen u. dgl. in Frage. Nähere Einzelheiten über die Verwendung des Holzes als zweite Isolation finden sich in Erläuterung 7 zu § 34d bzw. in dem dort angegebenen Entwurf einer Vereinbarung über Kreuzung von Reichsbahnen durch elektrische Straßenbahnen. Besonders sei darauf hingewiesen, daß das Holz zweckmäßig nicht im Naturzustande verwendet wird, sondern daß es vorher durch einen Anstrich oder durch Imprägnierung für den Sonderzweck geeignet und dauerhaft gemacht wird.

c) Querdrähte jeder Art (Tragdrähte), die im Handbereich (5) liegen, müssen gegen spannungsführende Leitungen doppelt isoliert sein (6).

(5) Im Handbereich liegende Querdrähte werden im allgemeinen nur bei Befestigung der Querdrähte an den Häusern vorkommen. Der Begriff „Handbereich" ist dabei nicht zu eng zu fassen, sondern hierunter sind auch diejenigen Fälle zu verstehen, in welchen die Querdrähte etwa

von Fenstern, Balkonen u. dgl., aus von unberufenen Personen mit Hilfe solcher Gegenstände erreichbar sind, die an dem fraglichen Orte üblicherweise gebraucht werden. Selbstverständlich dürfen auch Speiseleitungen, Fahrleitungen u. dgl. nicht im Handbereich verlaufen. Läßt sich die Führung von Speiseleitungen u. dgl. nicht außerhalb des Handbereiches erreichen, so sind diese Leitungen zu isolieren und gegebenenfalles gegen Beschädigungen zu schützen. Siehe Erl. 2 zu § 34a.

(6) Gewöhnlich erfolgt die doppelte Isolierung in der Weise, daß außer der isolierenden Fahrdrahtaufhängung außerhalb des Handbereiches ein weiterer Isolator in den Querdraht geschaltet wird. Dabei muß die Isolation auch bei Regen ausreichend sein.

d) *Die Höhe der Leitungen über öffentlichen Straßen darf nicht unter 5 m betragen. Eine geringere Höhe ist bei Unterführungen zulässig, wenn geeignete Vorsichtsmaßregeln getroffen werden (z. B. Warnungstafeln)* (7).

(7) Die Warnungstafel, eine Notwendigkeit hierzu liegt nur bei einer entsprechenden aufsichtsbehördlichen Auflage vor, wird zweckmäßig rot auf weißem Grunde wie folgt beschriftet:

Vorsicht!

↯ Höhe des Fahrdrahtes ↯

nur . . . . m

Siehe auch Erläuterung zu § 34d im Entwurf der Vereinbarung mit der Reichsbahn (§ 29).

Bei Verwendung von Decksitzwagen ist außerdem ein entsprechender Hinweis für die Fahrgäste zu empfehlen.

Bei Unterführungen handelt es sich meist um solche von Eisenbahnen, vor allem der Reichsbahn. Eine allgemeine Regelung dieses Gegenseitigkeitsverhältnisses und damit überhaupt der Frage der Kreuzungen mit den Eisenbahnen hat bisher noch nicht stattgefunden, infolgedessen enthalten die vorliegenden Vorschriften auch keine diesbezüglichen Bestimmungen. Jedoch hat sich immer mehr das Bedürfnis für eine allgemeine Regelung herausgestellt, und es liegt ein diesbezüglicher Entwurf, ausgearbeitet von einer Kommission des Vereins der Straßen- und Kleinbahnen des Siedlungsverbandes Ruhrkohlenbezirk vor, der auch im Ausschuß C des Straßenbahnvereins bereits beraten wurde. Zu einem Ergebnis ist es jedoch bisher nicht gekommen. Indessen sollen die technischen Festsetzungen des genannten Entwurfes an den betr. Stellen dieser Erläuterungen erwähnt werden. Die „Bahnkreuzungsvorschriften für fremde Starkstromleitungen" (BKV 1921) kommen nur in Frage beim § 34p, sie sind ohne weiteres nicht anwendbar auf Kreuzungen von Reichsbahnen durch elektrische Bahnen.

Wenn von Reichsbahnseite behauptet wird, daß die BKV ohne weiteres maßgebend seien für die Kreuzungen der Reichsbahnanlagen durch

3*

elektrische Bahnen, so muß dieser Ansicht unbedingt widersprochen werden, jedenfalls spricht die ganze Entwicklungsgeschichte der BKV für meine Ansicht. Die BKV sind nichts anderes als Richtlinien der Reichsbahn für die Abfassung von Privatverträgen zwischen dem fremden Stark=stromunternehmer (Elektrizitätswerk) und der Reichsbahn. Dabei kann es nach dem Wortlaut der BKV keinem Zweifel unterliegen, daß unter den Begriff „Starkstrom" die elektrischen Bahnen **nicht** fallen. Bei den entsprechenden Verhandlungen wird dies zu beachten sein, besonders was die rechtliche Seite der Frage (**Beleihung, Gebühren, Zahlung** usw.) anlangt.

e) *Wenn Fahrleitungen unter oder neben Eisen- oder Eisenbetonbauten verlegt sind, müssen Einrichtungen dagegen getroffen sein, daß ein entgleister oder gebrochener Stromabnehmer eine stromleitende Verbindung mit dem Bauwerk herstellt* (8).

(8) Besonders hier kommt der unter Anm. 7 genannte Entwurf in Frage. Dieser läßt sich auch anwenden für Fälle, die außerhalb des genannten Gebietes liegen, also bei Wagenhallen, Einfahrten usw. Dieser Entwurf lautet:

D. Elektrische Straßenbahnen, Kleinbahnen u. dgl.

§ 24. Fahrleitungen.

1. Für Fahrdrähte ist ein Mindestquerschnitt von 80 mm^2 anzuwenden. Sie müssen ausgewechselt werden, wenn ihr Querschnitt durch Abnutzung 60 mm^2 unterschreitet.

2. Die Höhenleitung der Fahrleitungen elektrischer Straßenbahnen über Bahngelände bestimmt die DRG von Fall zu Fall; der tiefste Punkt der Fahrleitungen muß im allgemeinen mindestens 5,5 m über Schienenoberkante der gekreuzten Gleise liegen.

3. Bei Plankreuzungen von Hauptgleisen sind die Bahnstromleitungen nach Art der Ketten- oder Vielfachaufhängung herzustellen, damit sie gegen Bruch, Durchhangsänderung und nach Bedarf gegen Abtrieb gesichert sind.

4. In Bauwerken von geringerer Lichthöhe sind an Stelle des Fahrdrahtes möglichst eiserne Leitschienen anzuwenden. Für Bügelstromabnehmer sind zwei nebeneinander geführte Leitschienen zweckmäßig.

§ 25. Abstand von Klappschranken.

Die Enden der Klappschranken sollen unter allen Umständen wenigstens 10 cm von den Fahrleitungen entfernt bleiben. Bei Spannungen über 600 Volt muß dieser Abstand entsprechend erhöht werden. Dieser Abstand darf auch durch Windabtrieb, Erschütterungen oder Schwanken sowohl des Fahrdrahtes als auch der Schranke nicht unterschritten werden.

§ 26. Schutzverschalung.

1. Unter Bauwerken ist über dem Fahrdraht eine durchgehende hölzerne Schutzverschalung anzubringen. Sie kann bei einer geringeren lichten Höhe des Bauwerkes als 4,20 m über Straßenkrone unmittelbar an diesem befestigt werden. Bei lichten Höhen über Fahrschiene von 4,20 m und mehr muß ein Abstand von 15 mm zwischen Bauwerk und Oberkante Holzverschalung freigehalten werden.

Durch geeigneten Anstrich ist die Schutzverschalung gegen die Einwirkung von Feuchtigkeit zu schützen.

Isolierleisten über den Fahrleitungen sind unzulässig.

2. Die Befestigung der Verschalung an eisernen Bauteilen darf nicht nur durch Anbohren oder Ausklinken der Träger erfolgen.

3. Alle mit dem Bauwerk in Verbindung stehenden eisernen Befestigungsteile müssen gegen Berührung mit stromführenden Teilen in doppelter Weise geschützt sein.

4. Die Befestigungschrauben sind gegen Lockerungen und Berührung mit den Stromabnehmern zu sichern.

5. Die Schutzverschalung soll in der Regel in voller Bügelbreite ausgeführt werden, um bei entgleistem, gebrochenem oder verschränktem Stromabnehmer die Berührung stromführender Teile mit dem Bauwerk zu verhindern; bei Rollenabnehmern ist eine ⌐-förmige Schutzverschalung auszuführen.

6. Die Schutzverschalung ist nach jeder Seite wenigstens 0,5 m über das Bauwerk hinaus zu verlängern. Eine Vergrößerung dieses Maßes kann auf Grund besonderer Verhältnisse gefordert werden.

§ 27. Isolatoren.

1. Zur Aufhängung der Fahrleitung genügt ein Isolator, wenn dieser unmittelbar auf der Holzverschalung angebracht wird. Das Holz der Verschalung gilt dann als zweite Isolation.

2. Die Isolatoren dürfen nicht unter Eisenträgern angebracht werden. Durch die Verschalung gehende Schraubenköpfe sind, soweit nötig, gegen Berührung mit Teilen des Bauwerkes zu schützen.

§ 28. Rückleitung.

1. Werden die Schienen der elektrischen Bahn zur Rückleitung des Fahrstromes benutzt, so ist diese Rückleitung in der Nähe der Kreuzungsteile besonders sorgfältig herzustellen und zu überwachen.

2. Bei Plankreuzungen oder Einführungsanlagen elektrisch betriebener Kleinbahnen müssen die innerhalb der Reichsbahngleise liegenden Schienenstücke der Straßenbahngleise unter sich und mit den außerhalb der Reichsbahngleise liegenden Schienen der Straßenbahn, sowie diese letzteren unter sich, durch kupferne Verbindungsbügel gut leitend verbunden sein; die Verbindungsbügel müssen einen Querschnitt von mindestens 80 mm² haben. Außerdem müssen auf Anfordern der DRG Einrichtungen getroffen werden, die den Übertritt von Rückleitungsströmen aus den Schienen der Kleinbahn in die Gleisanlagen der Reichsbahn mit Sicherheit verhindern.

3. Elektrolytische Wirkungen auf die Anlagen der DRG, wie Schienen, eiserne Brückenteile u. dgl. müssen auf jeden Fall vermieden werden.

4. Geschweißte Schienenstöße in Unter- und Überführungen bedürfen keiner besonderen Stoßüberbrückungen, an der Kreuzungsstelle ist jedoch wenigstens eine Querverbindung anzubringen.

§ 29. Warnungstafeln.

Auf beiden Stirnseiten von Bauwerken, wo die Regelfahrdrahthöhe überschritten wird, sind Warnungstafeln in ausreichender Größe anzubringen, welche durch rote Blitzpfeile auf die Gefahr einer Berührung mit den Bahnstromleitungen hinweisen und in deutlich sichtbarer Schrift die geringste Höhe der Leitungen über Straßenkrone angeben.

§ 30. Erdung eiserner Bauwerke.

Eiserne Brückenbauten müssen durch Verlegung besonderer Erdungskörper gut geerdet werden. Straßenbahnschienen dürfen hierzu als Erde nicht benutzt werden.

Die Plankreuzungen von elektrisch betriebenen Vollbahnen durch elektrische Straßenbahnen sind im vorstehenden Entwurf noch nicht berücksichtigt, doch empfiehlt es sich, die Verhandlungen auch auf dieses Gebiet auszudehnen.

(Siehe auch Erläuterung 25 zu § 34p.)

f) Bei Bahnen auf besonderem Bahnkörper, der dem öffentlichen Verkehr nicht freigegeben ist, können die Leitungen in beliebiger Höhe verlegt werden, wenn bei der gewählten Verlegungsart die Strecke von unterwiesenem Personal ohne Gefahr begangen werden kann. An Haltestellen und Übergängen sind die Leitungen gegen zufällige Berührung zu schützen und Warnungstafeln anzubringen.

g) Als Baustoff für die Fahrleitung, soweit diese aus Draht besteht, ist Kupfer zu verwenden oder ein diesem entsprechender Baustoff. Dieser Baustoff muß den Vorschriften „für Starkstrom-Freileitungen" entsprechen (9).

(9) Soweit Speiseleitungen, Verstärkungsleitungen, Freileitungen usw. in Frage kommen, ist Absatz Ic der „Vorschriften für Starkstrom-Freileitungen" ohne weiteres anwendbar. Danach ist als normaler Baustoff nur Kupfer oder Aluminium anzusehen, ferner können Stahlaluminiumseile verwendet werden. Beschränkt zulässig sind die nicht normalen Baustoffe, z. B. Eisen, Stahl, Doppelmetalle sowie Legierungen, wie Bronzen usw., wobei Leitungen aus Eisen oder Stahl zuverlässig verzinkt sein müssen.

Als Baustoff für Fahrleitungen aus Draht ist ausdrücklich Kupfer vorgeschrieben oder ein diesem entsprechender Baustoff. Ob Eisen auch unter diese Ersatzbaustoffe gerechnet werden kann, möchte wohl bezweifelt werden, wohl aber kommt dieses in Frage bei Unterführungen u. dgl., wie in Erläuterung 8 bereits näher ausgeführt ist, also in Form von Schienen.

Der Ausschuß C des Vereins Deutscher Straßenbahnen, Kleinbahnen und Privateisenbahnen hat anfangs 1926 die „Lieferungsbedingungen Nr. 12 für Kontaktdraht" ausgearbeitet, die nachstehend zum Abdruck gelangen: (dabei ist allerdings die eingetretene Änderung gemäß S. 39 zu beachten.)

Bei der Vergebung der Lieferungen für Kontaktdraht hat sich gezeigt, daß die Erfüllung aller in den „Besonderen Bedingungen" des Vereins gestellten Forderungen eine unnötige Verteuerung des Fabrikats bringt. Infolgedessen haben sich die Straßenbahnen vielfach veranlaßt gesehen, andere Vereinbarungen mit den Lieferwerken zu treffen. Vom Ausschuß C ist nunmehr beschlossen worden, die nachstehenden, geänderten Lieferungsbedingungen einzuführen:

1. Materialbeschaffenheit und Ausführung.

a) Das zur Herstellung des Drahtes zu verwendende Elektrolytkupfer darf nur für 1 km Länge und 1 mm² Querschnitt bei + 20° C keinen höheren Widerstand haben als 17,84 Ohm, der einer Leitfähigkeit von mindestens $\dfrac{56 \cdot m}{Ohm \cdot mm}$ 2 bei + 20 C° entspricht.

Die Bruchdehnung muß bei den Querschnitten bis zu 65 mm² mindestens 2,5%, bei größeren Querschnitten mindestens 3,5% bei einer Meßlänge $L = 11,3 \cdot$ Querschnitt betragen.

Die Drähte sollen bei den Zerreißversuchen mindestens die nachstehenden Festigkeiten zeigen:

1. runde Kontaktdrähte

q mm² =	50	60	80	100	125	150
k_z =	39	37	36	36	33	32

2. Profilkontaktdrähte.

q mm² =	50	65	80	100	125	150
k_z =	38	37	36	36	33	32

Die Zerreißgeschwindigkeit darf 0,20 mm/sec nicht überschreiten.

b) Der Querschnitt muß genau der Bestellung entsprechen. Bei Rillen- und rundem Draht sind folgende Unterschiede im Durchmesser zulässig:

Für Querschnitte bis 70 mm² bei einer Drahtlänge bis 1000 m + 2% des rechnerischen Durchmessers.

Für Querschnitte bis 70 mm² bei einer Drahtlänge über 1000 m + 3% des rechnerischen Durchmessers.

Für Querschnitte über 70 mm² bei einer Drahtlänge bis 1000 m + 3%.

Für Querschnitte über 70 mm² bei einer Drahtlänge über 1000 m + 4%.

Bei Profildraht gelten diese Toleranzen entsprechend.

c) Die Oberfläche des Drahtes soll vollständig glatt sein und keine Unebenheiten, Risse, Knicke usw. aufweisen. Der Draht muß ebenfalls vollständig gerade und frei von Buckeln sein.

d) Die Lötungen der einzelnen Teile einer Rollenlänge sind unter Verwendung von Silber sauber auszuführen, bevor der Draht fertig gezogen ist. Die Lötstellen im fertigen Draht müssen mindestens 120 bis 220 mm lang sein und eine Zerreißfestigkeit von 96% der des Drahtes besitzen.

Die einzelnen ungelöteten Teile einer Rolle sollen mindestens so lang sein, daß das Gewicht der Drahtstücke zwischen den Lötstellen etwa je 80 kg beträgt.

e) Der Draht muß sich auf eine Länge von 250 mm ohne zu brechen verdrehen lassen, und zwar

1. bei rundem Draht mindestens 5 mal,

2. bei profiliertem Draht mindestens 3 mal.

f) Der Draht muß ohne Bruch- und Rißbildung spiralig um sich selbst gewickelt werden können.

Der Draht muß sich um einen runden Dorn von gleichem Querschnitt biegen lassen, daß bei vollständigem Aufeinanderliegen der Drahtenden keine Risse an der Oberfläche auftreten. Bei Profildraht hat die Biegung um die flache Seite zu erfolgen.

2. Lieferung.

a) Der Draht ist auf Holztrommeln von rd. 1 m oder 1,50 m Wickeldurchmesser zu liefern. Jede Trommel soll etwa 1500 kg enthalten, und zwar einer in Länge.

b) Auf jeder Rolle soll ihr Leergewicht ohne Drahtlast sowie die Totallänge und das Gewicht des Drahtes deutlich angeschrieben sein.

c) Das Aufwickeln des Drahtes auf die Holzrollen muß mit der größten Sorgfalt geschehen. Die einzelnen Drahtwindungen müssen möglichst dicht nebeneinander liegen. Keine Windung, mit Ausnahme der ersten und letzten jeder Wickellage darf über eine andere Wickelung derselben Schicht zu liegen kommen. Profilierter Draht muß ohne Verdrehung auf der Holztrommel aufgewickelt sein.

3. Gewährleistung und Ersatz.

Die Abnahme des Drahtes erfolgt durch den Besteller auf dem liefernden Werk, das die nötigen Apparate und Hilfen kostenlos zu stellen hat.

Der Abnehmer kann von den gelieferten Trommeln 10% der Gesamtmenge zur Prüfung auswählen. Wird dabei ein Quantum wegen nicht bedingungsmäßiger Beschaffenheit zurückgewiesen, so sind für eine weitere Prüfung von den anderen Trommeln der gleichen Lieferung bis zu 20% der Gesamtmenge zu bestimmen.

Entsprechen die neuen Proben den Bedingungen, so hat die Abnahme zu erfolgen. Das Lieferwerk ist jedoch verpflichtet, innerhalb 14 Tagen bedingungsmäßigen Ersatz für die zurückgewiesenen Trommeln zu leisten.

Genügt diese Prüfung dagegen auch nicht, so kann die Lieferung verworfen und Ersatz verlangt werden, der innerhalb 14 Tagen zu leisten ist.

Werden bei der Verlegung des Kontaktdrahtes Mängel festgestellt, die bei der Abnahme auf dem Werk nicht bemerkt werden konnten, oder wird durch die physikalisch-technische Reichsanstalt in Charlottenburg eine geringere als die vorgeschriebene Leitfähigkeit ermittelt, so ist ebenfalls innerhalb 14 Tagen nach Aufforderung bedingungsmäßiger Ersatz zu leisten.

Zu den Änderungen wird bemerkt:

Zu 1a. Der elektrische Widerstand für einen Draht von 1 km Länge und 1 mm² Querschnitt ist nach den Normen des VDE bei + 20° C in Ohm anzugeben und nicht wie bisher in Hundertteilen. Die letztere Angabe ist seit Jahren verlassen worden, da sie vielfach zu Unstimmigkeiten Anlaß gab. Die prozentuale Leitfähigkeit wurde nämlich beliebig auf die Leitfähigkeit des normalen Kupfers von 60, 58 oder 56 m/Ohm bezogen. Die Festigkeiten der einzelnen Querschnitte sind z. T. herabgesetzt worden, da bei Verwendung von amerikanischen Original-Elektrolytkupferbarren die früheren Werte bei Erfüllung der verschiedenen technologischen Proben, wie Biege-, Verdrehungs- und Wickelprobe, nicht erreicht werden können.

Die Zerreißgeschwindigkeit ist auf etwa 0,20 mm pro Sekunde festgesetzt worden, um eine Beeinflussung der Zerreißfestigkeit durch zu schnelle Zerreißgeschwindigkeit auszuschalten. Diese Zerreißgeschwindigkeit ist in allen staatlichen sowie privaten Material-Prüfungsanstalten üblich.

Die Meßlänge $L = 11{,}3\,Vq$ wurde eingeführt, um eine einheitliche Bezugslänge für die Bruchdehnung zu erhalten. Diese Meßlänge ist seit Jahren in Deutschland als Normal-Meßlänge eingeführt.

Zu b. Da die Zieheisenabnutzung mit der Querschnittsgröße und der Länge des Ziehgutes wächst, so ist eine höhere prozentuale Toleranz in der Querschnittsabweichung für die größeren Querschnitte und für die Längen über 1000 m nötig.

Zu d. Die Länge der Lötstellen soll 120—200 mm betragen, weil erfahrungsgemäß bei einer längeren Lötstelle leicht Schieferstellen, Absplitterungen u. dgl. entstehen. Für die Festigkeit der Lötstellen können die E-Firmen nur 96% der des ungelöteten Drahtes garantieren, da durch das Löten das Kupfer in der Lötstelle ausgeglüht wird und mithin der Draht an dieser Stelle stets eine geringere Festigkeit hat.

Die Drahtlänge zwischen 2 Lötstellen wurde begrenzt, um eine mit der Verwendung schwerer Kupferbarren verbundene Verteuerung des Drahtes sowie eine Verlängerung der Lieferfrist zu vermeiden.

Die Frage der Vereinheitlichung der Fahrdrahtquerschnitte (Arbeitsleitungsquerschnitte) ist durch die in Frage kommenden Kommissionen erledigt. Es wurde Übereinstimmung darüber erzielt, daß nur Rund und Rillen-(Profil-)Drähte genormt werden sollen, nicht dagegen Stromleitungsschienen. Als Querschnittsreihe für beide Drahtarten ist angenommen:

$$35,\ 50,\ 65,\ 80,\ 100,\ 125,\ 160\ \text{mm}^2.$$

Das Elektrolytkupfer soll dem Normblatt VDE 500 entsprechen, während für die Liefervorschriften das Normblatt VDE 3140 bestimmt ist.

Bei der Verwendung von Stromleitungsschienen steht die Wahl des Baustoffes frei. Meist ist der Querschnitt dieser Schienen so groß, und die Auflagefläche so breit, daß irgendwelche Befürchtungen bez. der Festigkeit und der einwandfreien Stromabnahme nicht bestehen.

h) *Die Bauausführung der Leitungsanlagen hat sinngemäß nach den „Vorschriften für Starkstrom-Freileitungen" zu erfolgen.* (10).

(10) Die Anwendung der „Vorschriften für Starkstrom-Freileitungen" auf Speiseleitungen, die an einem besonderen Gestänge verlegt werden, ist ohne weiteres gegeben. Aber auch für die Fahrdrahtaufhängung bieten die genannten Vorschriften wertvolle Unterlagen, wobei natürlich die aus der Sonderbestimmung als Bahnanlage sich ergebenden Belastungsverhältnisse gehörig in Rechnung gezogen werden müssen.

Zu beachten sind ferner für die Bauart der Leitungen selbst:

a) „Vorschriften für isolierte Leitungen in Starkstromanlagen". Gültig ab 1. April 1926.

b) „Normen für umhüllte Leitungen in Starkstromanlagen." Gültig ab 1. Oktober 1924.

Unter die erstere Vorschrift fallen auch die Bleikabel, unter die letztere die wetterfest umhüllten Leitungen.

Besondere Verhältnisse ergeben sich bei der Befestigung der Arbeitsleitung, was jetzt allgemein durch Klemmung geschieht. Hier ist beachtlich, was in den obengenannten Vorschriften unter II F 3 „Bunde" gesagt ist, da tatsächlich viele Zerstörungen von Draht und Klemmen auf elektrolytische Wirkungen als Folge falscher Materialwahl zurückzuführen sind. Die Normung der Tragklemmen befindet sich gegenwärtig in Arbeit.

Bei der Bauausführung der Leitungsanlagen ist selbstverständlich auch der § 22 dieser Vorschriften zu beachten, und zwar gilt § 22 uneingeschränkt für Leitungsanlagen, die dem Bahnbetriebe nicht eigentümlich sind, also z. B. für Drehstrom-Zuleitungen zum Kraftwerk oder dgl. Für Leitungsanlagen im Bahnbetriebe ergeben sich notwendigerweise aus den Anforderungen des Betriebes heraus Abweichungen, die zum Teil schon bei der übrigen Erläuterung zum § 34 angegeben werden, immerhin soll an dieser Stelle auch auf einige Bestimmungen des § 22 hingewiesen werden.

In § 22 b 3 ist gesagt, daß ungeschützte Freileitungen mindestens 7 m von der Fahrbahn entfernt sein sollen. Dieser Abstand kann bei Straßenbahnen selbstverständlich nicht eingehalten werden, hier beträgt der zulässige Mindestabstand gemäß § 34 d 5 m, bei Unterführungen kann der Abstand noch wesentlich geringer sein, hier müssen dann Warnungstafeln angebracht werden. (Siehe Erl. zu § 34 d.) Ferner ist Erl. 8 zu § 34 e zu beachten.

Der in § 22 c geforderte Blitzpfeil für Träger und Schutzverkleidungen von Freileitungen, die mehr als 750 V gegen Erde führen, ist nach § 34 m nicht erforderlich.

Gemäß § 22 f wird bei Hochspannung für Eisenmaste und Eisenbetonmaste mit Stützisolatoren die Erdung gefordert, und zwar um eine Gefährdung von Personen zu verhindern, die dadurch eintreten kann, daß ein Leitungsdraht sich auf die Stütze legt und hierdurch den Mast unter Spannung setzt. Werden Hängeisolatoren mit mehreren Gliedern verwendet, so wird die Erdung des Mastes nicht gefordert unter der Voraussetzung, daß durch die erhöhte Gliederzahl eine erhöhte Sicherheit geboten wird. Letztere Ausnahme trifft für normale Straßenbahnleitungen ebenfalls zu, denn die verwendete doppelte Isolierung (siehe § 34 b) bietet bei der verhältnismäßig niedrigen Spannung einen erhöhten Sicherheitsgrad. Außerdem ist in Betracht zu ziehen, daß bei Bahnen die Überwachung wohl in allen Fällen eine ausgezeichnete ist, so daß die Behebung von Überschlägen schnell erfolgen wird. Die Erfahrung hat demgemäß auch gezeigt, daß ernstliche Unfälle durch unter Spannung gesetzte Maste nicht vorgekommen sind. Es ist auch zu bedenken, daß eine einwandfreie Erdung der Straßenbahnmaste meist sehr schwierig (in den Städten) ist und der erforderliche Aufwand in keinem Verhältnis zu dem Nutzen steht. Also auch hier lege man Wert auf eine einwandfreie Isolierung, um die Erdung mit gutem Gewissen vermeiden zu können.

Wird nur eine einfache Isolierung der Fahrleitung vorgenommen, so i[st] von Fall zu Fall zu prüfen, ob die Erdung der Maste erforderlich is[t].

Ganz selbstverständlich muß natürlich die Erdung bei solchen Maste[n] vorgenommen werden, die gleichzeitig Träger von Stützenisolatoren fü[r] Hochspannungsleitungen allgemeinen Charakters und besonders vo[n] höherer Spannung als 1650 V sind. Das gleiche gilt für Hochspannung[s]masten, die neben den Bahnmasten aufgestellt sind.

Der § 22 h ist naturgemäß im vollen Umfange im Sinne der BK[V] anzuwenden.

Die Bestimmungen des § 22 i zum Schutze von Fernmeldeleitunge[n] gelten sinngemäß, d. h. man wird sich bei normalen Straßenbahnan[-]lagen mit einfacheren Mitteln, vor allem mit guter Isolierung behelfe[n] können.

Die Forderung des § 22 k kann nur durch entsprechend starke Kon[-]struktion der Leitungsanlagen erfüllt werden.

Soweit bei der Bauausführung Kreuzungen und Näherungen vo[n] Reichsbahnanlagen stattfinden, wird auf die Erläuterung 7 verwiesen[.] Es wird auf privatrechtliche Verhandlungen mit der Reichsbahn ankommen[,] ohne daß die BKV etwa selbsttätig Geltung erlangen könnten.

i) Die Fahrleitungen und Speiseleitungen (Verstärkungsleitungen usw.[)] sind in bebauten Straßen in Abschnitte zu teilen, die durch Ausschalter getrenn[t] werden können (11). Die Länge der Abschnitte soll in stark bebauten Straße[n] nicht über 1 km betragen (12).

1. Jede Leitung soll für ihre mittlere Stromstärke (zeitlicher quadratischer Mittelwert[)] so bemessen werden, daß hierbei die in Spalte 2 der Tafel in § 20 zugelassenen Strom[-]werte nicht überschritten werden.

(11) Es handelt sich hier um eine Vorschrift, die getroffen worden ist[,] um einmal bei Fahrleitungsbrüchen eine Abtrennung des verletzte[n] Streckenteiles zu ermöglichen, sodann auch, um bei Bränden der Feuer[-]wehr ein gefahrloses Arbeiten zu gestatten. Aus dem letzten Grunde i[st] eine Trennungsmöglichkeit der Fahrleitungen und der Speiseleitung[,] sofern dieselbe in der Straße verläuft, unbedingt erforderlich. Es emp[-]fiehlt sich nicht das Abtrennen bei Bränden der Feuerwehr ganz allgemei[n] zu überlassen, sondern nur den Berufsfeuerwehren, da nur hier die Ge[-]währ einer genügenden technischen Vorbildung besteht.

Zu beachten ist besonders, daß nur noch in seltenen Fällen so ein[-]fache Verhältnisse vorliegen, daß ein Spannungslosmachen von Teil[-]strecken durch Nichteingeweihte mit der nötigen Sicherheit erreicht wir[d]. Besonders trifft dies zu in den Großstädten mit ihren von vielen Seite[n] gespeisten Netzen, und es empfiehlt sich dringend, dem Einzelfalle ent[-]sprechende Vereinbarungen mit den örtlichen Berufsfeuerwehren z[u] treffen.

Ein besonderer Fall ist hier auch vorhanden, wenn die Motorwage[n] mit Stromrückgewinnung arbeiten. Fährt ein solcher Wagen in einen

Gefälle über einen zwecks Spannungslosmachung geöffneten Strecken=
schalter, so kann er, da er bei der Bremsung Spannung in das Netz schickt,
eine Gefährdung von Personen und Sachen hervorrufen. In solchen und
ähnlichen Fällen sind besondere Maßnahmen notwendig, die nicht immer
in der einfachen Herstellung eines Erdschlusses der Oberleitung ihre Er=
ledigung finden.

Besondere Vorschriften für unbebaute Straßen sind nicht angegeben,
weil man hier Streckentrenner, die oft selbst Störungsquellen sind, gern
vermeidet. In wenig bebauten Straßen wird die Länge der Strecken=
abschnitte nach den örtlichen Verhältnissen zu bemessen sein, auch hier
spielt die Möglichkeit des gefahrlosen Arbeitens der Feuerwehr die Haupt=
rolle.

(12) Die Berechnung der Leitungen erfolgt grundsätzlich nach dem zu=
gelassenen Spannungsverlust. Die Ausführungsregel soll nur einen An=
halt geben, der allerdings für die Streckenunterteilung von gewisser Be=
deutung ist, sofern es sich um lange Strecken mit erheblichen Belastungen
handelt.

k) *Die Streckenausschalter müssen, soweit sie ohne besondere Hilfsmittel*
erreichbar sind, mit geschlossen zu haltenden Schutzkasten versehen sein (13).
Die Lage der Ausschalter muß leicht erkennbar gemacht werden (14).

2. *Die Kenntlichmachung der Ausschalter erfolgt zweckmäßig durch einen roten Mast-*
ring bzw. eine rote rechteckige Scheibe am Querdraht (15).

(13) Die vielfach üblichen, direkt in die Fahrleitung eingebauten Strecken=
ausschalter mit Betätigung durch eine Schaltstange haben bei aller Ein=
fachheit der Anordnung den Nachteil, daß oft im geeigneten Augenblick
die Schaltstange fehlt oder die Kontakte infolge der freien Lage und der
geringen Benutzung unbrauchbar geworden sind. Infolgedessen werden
vielfach Schalter verwendet, die nicht mehr direkt in die Fahrleitung
eingebaut, sondern die an geeigneter Stelle untergebracht sind. Dabei
wird entweder der Schalter durch ein Schaltgestänge betätigt oder es findet
ein geeigneter Hebelschalter Verwendung, der in Reichhöhe angebracht
ist. Im ersteren Falle ist ein Schutzkasten naturgemäß nicht erforderlich,
da der Fahrdraht selbst ebenso leicht erreicht werden könnte, der Fahr=
draht aber unbedingt außerhalb der Reichweite liegen muß. Im zweiten
Falle ist ein Schutzkasten erforderlich, wenn der Schalter im Handbereich
gemäß Erläuterung zu § 34 c liegt. Im dritten Falle ist ein Schutzkasten
immer erforderlich, der selbstverständlich unter Verschluß gehalten werden
muß, und der nur unterrichtetem Personal zugängig sein darf. Für
gute Erdung des Schalterkastens und gegebenenfalls des Betätigungs=
gestänges ist unbedingt Sorge zu tragen. Bei Spannungen über 1000 V
ist § 10 Absatz d 2 besonders zu beachten. Besondere Vorschriften für die
Ausbildung des Schalters selbst sind nicht angegeben. Es ist selbstver=
ständlich, daß dieselben den immerhin rauhen Anforderungen des Bahn=
betriebes entsprechend, sehr massiv konstruiert sein müssen, daß eine reich=

liche, dauernd brauchbare Kontaktfläche vorhanden sein muß, und daß
ferner der Schalter die Bedienung unter Belastung verträgt. Vorzuziehen
sind Schalter mit getrennter Funkenlöschung, besonders ist dies erforder
lich bei den vielfach verwendeten selbsttätigen oder Fernschaltern. Die
Vorschriften enthalten weiterhin keine Bestimmung über die Möglichkeit
oder die Zulässigkeit des Befahrens des Schalters mit Strom. Diese
Forderung wird oft gestellt und bedingt eine besondere Ausgestaltung
des Schalters. Wenn auch die Möglichkeit des Befahrens mit Strom
für die Motoren, für Sprengwagen usw., mancherlei Vorteile bietet
so darf doch nicht vergessen werden, daß Nachteile anderer Art auf
treten. Es kann z. B. der Fall eintreten, daß Wagen beim Befahren
des Streckentrenners eine abgetrennte Strecke unter Spannung setzen
und hierdurch Verletzungen von Personen oder Schäden anderer Art
hervorrufen. Dieser Fall wird z. B. dann eintreten, wenn ein Wagen
mit Bügelstromabnehmer auf dem überbrückten Streckentrenner stehen
bleibt oder wenn ein Wagen mit zwei Stromabnehmern so stehen bleibt
daß sich je ein Stromabnehmer im abgetrennten und nicht abgetrennten
Streckenteil befindet. In letzterem Falle wird es auch gleichgültig sein
ob es sich um einen überbrückten oder nichtüberbrückten Streckentrenner
handelt. Um zu verhindern, daß schädliche Folgen durch den Spannungs-
übergang eintreten, wird es notwendig, für solche Fälle Sondervorschriften
in den einzelnen Betrieben zu erlassen. Z. B. wird man nicht eher an
dem abgetrennten Streckenstück arbeiten können, ehe nicht Sicherheits-
posten das Befahren in der angegebenen Weise verhindern. Für den
Betrieb mit Stromrückgewinnung trifft diese Notwendigkeit auch zu, und
es wird diesbezgl. auf Erläuterung 11 verwiesen.

Die Streckenschalter sowie sämtliche Apparate, die in die Fahrleitung
eingebaut werden, unterliegen ab 1. Juli 1928 (nicht rückwirkend) den
„Regeln für die Konstruktion, Prüfung und Verwendung von Schaltgeräten bis 500 V Wechselspannung und 3000 V Gleichspannung
RGS 1928“. Das gilt besonders auch für Fern- und selbsttätige Schalter,
Anlageteile für elektrische Weichen usw. Für höhere Wechselspannungen
kommen auch die „Leitsätze für die Konstruktion und Prüfung von Wechsel-
strom-Hochspannungsapparaten von einschl. 1500 V Nennspannung aufwärts“ gültig ab 1. Januar 1914 in Betracht.

(14) Die Kenntlichmachung der Lage der Ausschalter ist im Betriebs-
interesse notwendig, auch die Berufsfeuerwehr muß in der Lage sein,
die Ausschalter leicht aufzufinden.

(15) Es ist sehr zweckmäßig, die Schalterlage einheitlich kenntlich zu
machen, besonders wird dies erforderlich in Bezirken, in welchen Gemein-
schaftsbetrieb stattfindet. Die Ausführungsregel soll einen Vorschlag darstellen, jedoch werden hierunter die vereinheitlichten Streckenbezeichnungen
angeführt, die seitens der drei Arbeitsgemeinschaften der Straßenbahnen
in den Aufsichtsbezirken Elberfeld, Essen und Köln im November 1926
eingeführt worden sind.

Richtlinien für einheitliche Streckenbezeichnungen

angenommen durch die Arbeitsgemeinschaften der Straßenbahnen in den Klein-
bahn-Aufsichtsbezirken Elberfeld, Essen und Köln, in der Sitzung vom
4. Nov. 1926.

B. Streckenbezeichnung für das Personal.

1. Zwangshaltestellen-Bezeichnung.

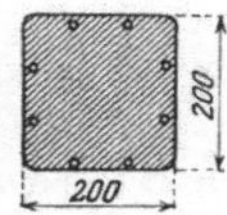

Ausführungsart: Signalrotes Schild von 200 × 200 mm
mit abgerundeten Ecken von $r = 40$ mm. Bei Geltung der
Zwangshaltestelle nur von einer Seite, Rückseite grau, gemäß
Zeichnung Nr. 824a mit 8 Befestigungslöchern für die weiter
genannten Streckenbezeichnungen.

Ist die Zwangshaltestelle gleichzeitig Haltestelle für Fahrgäste, so ist außer dem Zwangshaltestellenschild das Halte-
stellenschild A 1, gegebenenfalls mit Zeichen A 2 und A 3
anzubringen.

Anbringung: Am Spanndraht oder am Mast in Augenhöhe
des Fahrers, also etwa 2500 mm über S. O. nach innen, falls
das Profil dies gestattet, gemäß Zeichnung 897.

2. Vorsichtstafeln für Gefahr-Punkte.

Ausführungsart: Beiderseitig orangegelbes Schild von
200 × 200 mm wie B 1, gemäß Zeichnung 859a, mit ausgestanztem V.

Anbringung: Wie B 1.

3. Vorsichtstafeln für Gefahr-Strecken.

Die Vorsichtstafeln dienen zur Eingrenzung einer vorsichtig zu befahrenden Strecke.

Ausführungsart: Schild von 200 × 200 mm wie B 1. Vor-
derseite weißes A auf orangegelbem Grunde. Rückseite weißes
E auf grünem Grunde, gemäß Zeichnung Nr. 826b.

Anbringung: Wie B 1, und zwar A-Seite am Anfang, E-Seite
am Ende der Gefahrstrecke.

4. Bezeichnung für elektrische Weiche.

Ausführungsart: Schild von 200 × 200 mm wie B 1. Vor-
derseite lichtblau mit ausgestanztem W, Rückseite grau, gemäß Zeichnung Nr. 823a.

Anbringung: Am Spanndraht oder Ausleger, gemäß Zeichnung 897.

5. Bezeichnung der Betriebsfernsprecher.

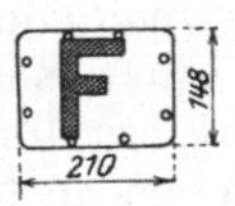

Ausführungsart: Schild von 148 × 210 mm. Beiderseitig
lichtblaues F auf weißem Grunde, gemäß Zeichnung Nr. 822b.

Anbringung: Am Spanndraht oder Ausleger, gemäß Zeichnung 897.

6. Bezeichnung der Blitzableiter.

Erforderlich nach § 22c bzw. 34 mm der Bahnvorschriften.

Ausführungsart: Schild von 148 × 210 mm wie B 5. Roter
Blitzpfeil auf weißem Grunde nach den Normen des VDE für
häufig gebrauchte Warnungstafeln, gemäß Zeichnung Nr. 862.

Anbringungsart: Am Mast, Spanndraht (gemäß Zeichnung
798) oder am betreffenden Anlageteil nach den örtlichen Verhältnissen.

7. Bezeichnung für stromlos zu befahrende Strecken-schalter.

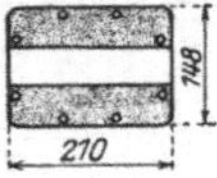

Ausführungsart: Schild von 148 × 210 mm wie B 5, beiderseitig orangegelb-weiß-orangegelbe Querstreifen, gemäß Zeichnung Nr. 860 c.

Anbringung: Am Mast (beiderseitig sichtbar) oder am Querdraht, gemäß Zeichnung 897.

8. Bezeichnung der unter Strom zu befahrenden Streckenschalter.

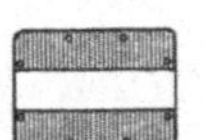

Ausführungsart: Schild von 148 × 210 mm wie B 5, beiderseitig grün-weiß-grüne Querstreifen, gemäß Zeichnung Nr. 860 a.

Anbringung: Wie B 7.

9. Bezeichnung der + Speisepunkte.

Ausführungsart: Schild 148 × 210 mm, wie B 5. Beiderseitig rot-weißkariert mit rotem Blitzpfeil auf dem Mittelfeld, gemäß Zeichnung Nr. 861 a.

Anbringung: Am Mast oder Spanndraht (gemäß Zeichnung 897) oder am Anlageteil vom Gleis aus sichtbar anzuordnen.

10. Bezeichnung der − Speisepunkte.

Ausführungsart: Schild von 148 × 210 mm, wie B 5. Beiderseitig lichtblau-weiß kariert, gemäß Zeichnung Nr. 861 c, jedoch ohne Blitzpfeil.

Anbrinugng: Wie B 9.

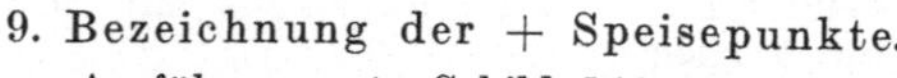

1) *In die Fahrleitung und die Speiseleitungen sind in ausreichender Anzahl Überspannungsschutz-Vorrichtungen einzubauen, die auch bei wiederholten atmosphärischen Entladungen wirksam bleiben (16). Für gute Erdung ist Sorge zu tragen; hierbei dürfen eiserne Maste als Leiter benutzt werden; sie müssen aber mit den Fahrschienen gut leitend verbunden werden (17). Gegen Berührung nicht geschützter Überspannungsschutz-Vorrichtungen dürfen nicht unter 5 m Höhe angebracht werden (18).*

(16) Die Frage eines vollkommen befriedigenden Überspannungsschutzes kann z. Z. noch nicht als gelöst betrachtet werden. Eine gewisse Sicherheit kann dadurch erreicht werden, daß die Verteilung der Überspannungsschutzvorrichtungen nicht schematisch, sondern entsprechend den örtlichen Verhältnissen erfolgt, so daß also besonders gefährdete Gebiete reichlich mit Überspannungsschutzeinrichtungen versehen werden, während in anderen Gebieten, so in dem Innern von Großstädten ein geringerer Schutz angängig ist. Ausführliche Darlegungen über dieses Gebiet befinden sich in „Leitsätze für den Schutz elektrischer Anlagen gegen Überspannungen" gültig ab 1. Oktober 1925. Die Überspannungsschutzeinrichtungen bedürfen einer dauernden Revision, besonders nach atmosphärischen Störungen.

(17) Eine dauernd gute Erdung ist unerläßlich. Wenn auch die Mit=
benutzung eiserner Maste für die Erdung zugelassen ist, so ist doch nicht
zu verkennen, daß die dann erforderlichen zwei Kontaktstellen eine gewisse
Gefahr bilden. Es sollte daher in allen Zweifelsfällen ein durchgehender
Erddraht von ausreichendem Querschnitt verlegt werden. Besonders reich=
lich muß der Querschnitt für die Schienenverbindung bemessen sein,
erforderlich erscheinen hier mindestens 25 mm². Zweckmäßig wird ferner
der in der Erde liegende Draht durch Zementformsteine abgedeckt.

Eine dauernde scharfe Kontrolle der Erdungen ist unerläßlich. Besonders
wird noch auf die Erläuterungen zu § 3 verwiesen, wonach die „Leitsätze für
Erdungen und Nullungen in Niederspannungsanlagen" und die „Leitsätze
für Schutzerdung in Hochspannungsanlagen" genauestens zu beachten sind.

(18) Eine hohe Anbringung der Blitzableiter ist besonders erforderlich,
wenn dieselben frei ausblasen, um Gefährdungen anderer Anlageteile
zu vermeiden. Bez. des Berührungsschutzes gelten auch hier die Er=
läuterungen 5 zu § 34e.

*m) Entgegen § 22c ist die Kennzeichnung der Träger und Schutzver=
kleidungen von Freileitungen durch einen roten Blitzpfeil nicht erforderlich (19).*
*Notwendig ist der Blitzpfeil an Querdrähten, an denen die Außenleiter
einer Dreileiteranlage zusammentreffen (20).*

(19) Die Bahnanlage kennzeichnet sich infolge ihrer Anordnung von selbst
bzw., es ist ganz allgemein bekannt, daß elektrisch Bahnen mit hohen
Spannungen arbeiten, so daß die allgemeine Anwendung des Blitzpfeiles
besser unterbleibt, um dessen Wirkung nicht abzuschwächen. Für Speise=
leitungen, die nicht am Bahngestänge verlaufen, ist naturgemäß die Kenn=
zeichnung nach § 22c erforderlich.

(20) In der Hauptsache soll hierdurch das Personal auf die Gefahren
der Näherung zweier Leitungen mit verschiedenem Potential aufmerksam
gemacht werden.

*n) Speiseleitungen müssen im Kraftwerk von der Stromquelle und an den
Speisepunkten von der Fahrleitung abschaltbar sein (21).*

(21) Diese Bestimmung soll besagen, daß eine Abtrennung der Speise=
leitung an beiden Enden mittels einfacher Ausschalter möglich sein muß.
Diese beiderseitige Abtrennbarkeit ist notwendig, um eine gefahrlose Fehler=
beseitigung an den Speiseleitungen zu ermöglichen. Für die Ausbildung
der Schalter an der Speisestelle, also an der Einmündung in die Fahr=
leitung sind die Bestimmungen des § 34k sinngemäß anzuwenden, d. h.
bei oberirdischen Speiseleitungen können die üblichen Streckenschalter
verwendet werden, während bei unterirdischen Speiseleitungen zweck=
mäßig Kabelschaltkästen zur Anwendung gelangen. Auch hier empfiehlt
sich eine einheitliche Kennzeichnung der Speisepunkte.

*o) Die Hauptleitung muß durch Abschmelzsicherung oder Selbstschalter
geschützt sein (22). Diese Schutzvorrichtung muß so bemessen oder eingestellt
werden, daß bei Kurzschluß der Stromkreis abgeschaltet, daß er jedoch bei den
höchsten betriebsmäßig auftretenden Belastungen nicht unterbrochen wird (23).*

3. In diesen Stromkreisen soll die Nennstromstärke der Schmelzsicherung höchster
das 1,5fache, die Auslösestromstärke des Selbstschalters höchstens das 3fache der nac
Spalte 4 der Tafel in § 20 für die Hauptleitungen zugelassenen Stromwerte betragen (24

(22) Als Hauptleitungen sind alle getrennt im Kraftwerk anlangende
Leitungen anzusehen, also in vielen Fällen Speiseleitungen, jedoch könne
diese auch als Verstärkungsleitungen behandelt und hinter dem Schu
der Hauptleitung abgezweigt werden, wobei eine Abtrennbarkeit gemä
§ 34 n möglich sein muß. Für die Einteilung der Strecken sind im wesent
lichen betriebliche Unterteilungsmöglichkeiten maßgebend, jedoch unte
selbstverständlicher Rücksicht auf einen genügenden Schutz der Maschine
usw. Gerade die Erfüllung dieser beiden Forderungen ist nicht immer gan
einfach und erfordert eingehende Überlegungen. Gut bewährt hat sic
eine Schaltung, die es ermöglicht, einen entsprechend angeordneten Re
serve=Höchststromschalter auf jede Strecke zu legen, um unbrauchbar ge
wordene Schalter zwecks Ausbesserung zu überbrücken.

Abschmelzsicherungen allein werden kaum noch als Streckenschu
verwendet, da der Vorteil derselben, auch gegen Dauerüberlastung zi
schützen, bei Bahnen eine ausschlaggebende Rolle nicht spielt.

(23) Diese Vorschrift erklärt sich aus betrieblichen Rücksichten, es i
also der Hauptwert auf Kurzschlußschutz gelegt und es soll vermieden werden
daß die im Bahnbetriebe auftretenden stoßweisen Überlastungen scho
die Selbstschalter zum Auslösen bringen, damit die hiermit oft verbundene
stärkeren Störungen vermieden bleiben. Der Kurzschlußschutz ist also unte
allen Umständen erforderlich, wobei bei der Unterteilung der Strecke
besonders bei langen Leitungen unbedingt Rücksicht genommen werde
muß. Zweckmäßig werden, um beim Schadhaftwerden eines Selbst
schalters diese zwecks Ausbesserung abtrennen und die Betriebsunter
brechung selbst auf ein Mindestmaß beschränken zu können, Reserveschalte
in entsprechender Zahl eingebaut, die umschaltbar auf jede oder eine
Teil der Strecken angeordnet sind.

(24) Es ergeben sich sodann folgende Werte:

Leitungs= querschnitt in mm²	Höchst zu= lässige Voll= stromstärke in A	Nennstrom= stärke der Ab= schmelzsiche= rung in A	Auslösestrom= stärke des Selbstschalters in A
10	60	80	150
16	105	160	315
25	140	200	420
35	175	260	525
50	225	350	675
70	280	430	840
95	335	500	1005
120	400	600	1200
150	460	700	1380
185	530	850	1590
240	630	1000	1890
300	720	1000	2190
400	900	1200	2700

Die angegebenen Werte sind unbedingt als Höchstwerte zu betrachten! Es wird erforderlich werden, demnächst Werte für höhere Leitungsquerschnitte festzusetzen.

p) *Bei Kreuzungen und Näherungen der Bahnanlagen durch fremde Starkstromleitungen gelten die „Bahnkreuzungs-Vorschriften für fremde Starkstromanlagen" des Reichsverkehrsministeriums (25).*

(25) Die „Bahnkreuzungs-Vorschriften für fremde Starkstromanlagen BKV 1921" gültig ab 18. November 1921 sind erlassen vom Reichsverkehrsministerium unter Hinzuziehung des VDE und beziehen sich ursprünglich auf die Kreuzungen usw. von Reichsbahnanlagen durch fremde Starkstromleitungen. (Siehe Vorschriftenbuch des VDE.)

Durch Verfügung der Aufsichtsbehörde sind die genannten Vorschriften auch auf Kreuzungen von elektrischen Bahnen durch fremde Starkstromleitungen anzuwenden, und zwar ebenfalls durch das in den BKV vorgesehene Beleihungsverfahren. Es will scheinen, daß diese schematische Übertragung der BKV auf die meist ganz anders gelagerten Verhältnisse mindestens bei einfachen Straßenbahnen nicht recht glücklich ist. In der Tat haben sich auch schon vielfach Streitigkeiten mit fremden Starkstromunternehmen, zumal wenn diese gleichzeitig Wegeunterhaltungspflichtige sind, herausgebildet. Jedenfalls aber ist eine genaue Durchprüfung der BKV bei Kreuzungen der elektrischen Bahnanlagen durch fremde Starkstromanlagen erforderlich, vor allem muß das z. Z. reichlich umständliche Genehmigungsverfahren vereinfacht werden. Es ist nämlich z. Z. erforderlich, daß der Starkstromunternehmer, auch wenn er nur mit einer Niederspannungsleitung kreuzen will, einen Antrag auf Genehmigung bei dem Bahnunternehmer einreicht. Dieser gibt den Antrag nach Prüfung an die technische Kleinbahn-Aufsichtsbehörde, von hier wird er nach Prüfung an die Landesaufsichtsbehörde (Regierung) weitergereicht. Diese spricht die Genehmigung auf Grund der BKV aus.

Inzwischen wurde allerdings festgestellt, daß der preußische Handelsminister der Ansicht ist, daß die BKV nur als Anhalt dienen sollen, wohl in der Annahme wie oben, daß sich eine vollkommene Übertragung der BKV auf die vorliegenden Verhältnisse gar nicht ermöglichen läßt. Das hätte z. B. gemäß § 23 Absatz 6 zur Folge, daß bei elektrischen Bahnen mit Oberleitung die Starkstromkreuzungen bis 1000 V nur in Kabeln ausgeführt werden dürfen! Solche Härten sind zweifellos nicht beabsichtigt. Eine baldige Klärung der Sachlage ist sehr erwünscht, wobei natürlich als feststehend angesehen werden darf, daß Kreuzungen elektrischer Bahnen durch Hochspannungsleitungen im Sinne der BKV behandelt werden müssen.

Für die Neuzeit kommt ferner eine Kreuzungsart in Frage, die eine besondere Betrachtung verdient. Es handelt sich um die immer mehr in Aufnahme kommende Elektrisierung der Hauptbahnen. Plankreuzungen mit solchen werden an sich selten sein und erhalten selbstverständlich besondere Einrichtungen, aber auch die Kreuzung einer elektrischen

Hauptbahn mit einer Unterführung verlangt entsprechende Vorkehrungs
maßnahmen. Man wird hier ebenfalls sinngemäß die BKV anwenden
müssen, und die Straßenbahnen befinden sich dann in einem Vorteil
wenn dieselben nicht auf eigenem Bahnkörper verlaufen, da dann di
elektrische Hauptbahn einen entsprechenden Schutz gegenüber dem all
gemeinen Straßenverkehr herbeiführen muß.

In den Vorschriften ist nicht besonders hingewiesen auf die Maß
nahmen zum Schutze der Postleitungen, was in einem Neudruck nach
zuholen wäre. Anzuwenden sind die durch den Postminister erlassenen
„Allgemeine Vorschriften zum Schutz vorhandener Reichs-Telegraphen
und Fernsprechanlagen gegen neue elektrische Bahnen" gültig ab 1. Jul
1910. Die Frage der Kostentragung regelt sich nach den gesetzlichen
Bestimmungen, wie in Erläuterung 2 zu § 35 näher ausgeführt ist.

Bestimmte Normen sind bisher für den Schutz der Schwachstrom
leitungen der Post nicht aufgestellt, es würden also von Fall zu Fal
besondere Verhandlungen mit der Postbehörde notwendig sein, die sic
der angegebenen Vorschriften als Grundlage bedienen müssen.

§ 35.

Schienenrückleitungen.

a) *Sofern die Schienen zur Rückleitung des Stromes dienen, müssen di
Stöße gut leitend verbunden sein* (1).

(1) Zur gut leitenden Verbindung der Schienen bedient man sich de
verschiedenartigsten Mittel, jedoch haben sich in den letzten Jahren Ver
bindungen mit Hilfe des Schweißverfahrens ganz besonders durchgesetzt
Man verwendet also Schienenverbinder aus gut leitendem Material un
schweißt diese in geeigneter Weise, meist elektrisch, an die Schienen an
Hierdurch werden alle früheren Nachteile, wie Lockern u. dgl. vermieden
Auch Laschenschweißungen sind vielfach üblich. Die beste Verbindung
sowohl mechanischer als auch gleichzeitig elektrischer Art ist aber der alu
minothermisch geschweißte Stoß, der z. Z. wohl durchgehend verwende
wird. Man sollte auch viel weitergehend als bisher Vignolschienen au
eigenem Bahnkörper verschweißen, da sich durch geeignete Ausbildung
des Oberbaues die Einwirkungen der Temperaturschwankungen auf die
Schienenlage ausreichend vermeiden lassen. Auch Kreuzungen und Wei
chen werden meist jetzt geschweißt und in den Gleiskörper eingeschweißt
so daß sich die bei der früheren Bauweise üblichen Überbrückungen mi
starken Kupferseilen in den meisten Fällen vermeiden lassen. Bei Kreu
zungen mit der Reichsbahn sind solche Verschweißungen vielfach nicht
möglich, so daß obengenannte Kupferbrücken noch verwendet werden
müssen. Siehe auch Erläuterung 8 zu § 34e.

Besonderes Augenmerk muß zweifellos auf die gut leitende Ver
bindung der freien Gleisenden bei Gleisauswechselungen gerichtet werden,
eine Notwendigkeit, die vielfach in ihren Auswirkungen auf Kabel usw.
unterschätzt wird.

b) *Die Vorschriften zum Schutze der Gas- und Wasserröhren gegen schäd-*
liche Einwirkungen der Ströme elektrischer Gleichstrombahnen, die die Schienen
als Leiter benutzen", sind einzuhalten (2).

(2) Während die Bestimmung unter Absatz a dazu dienen soll, die Strom=
verluste im Interesse der Wirtschaftlichkeit auf ein Mindestmaß herab=
zusetzen, ist die Vorschrift b gegeben, um auf Grund der von der Ver=
einigten Erdstromkommission des Deutschen Vereins von Gas= und
Wasserfachmännern, des Verbandes Deutscher Elektrotechniker und des
Vereins Deutscher Straßenbahn= und Kleinbahnverwaltungen aufgestell=
ten „Vorschriften zum Schutze der Gas= und Wasserröhren gegen schäd=
liche Einwirkungen der Ströme elektrischer Gleichstrombahnen, die die
Schienen als Leiter benutzen" Unterlagen für die Ausgestaltung der
Schienenrückleitung zu geben. Die Vorschriften gelten ab 1. Juli 1910,
also für Bahnen, die nach diesem Zeitpunkt erbaut wurden. Es muß
ferner ausdrücklich betont werden, daß es sich nicht um eigentliche Vor=
schriften mit gesetzlicher Wirkung handelt, sondern um freie Verein=
barungen zwischen den genannten Fachverbänden mit gegenseitigen Ver=
pflichtungen. Außerdem ist die gesamte Frage noch heute, also nach
16 Jahren, stark umstritten, und es kann keineswegs etwa behauptet
werden, daß die genannten Vereinbarungen eine auch nur einigermaßen
einwandfreie Lösung darstellen. Immerhin können die Vereinbarungen
bei Neuanlagen, besonders zur Veranschlagung der Rückleitungskabel usw.,
zweckmäßig Verwendung finden. Irgendwelche rechtliche Bedeutung für
die Frage der Kostentragung kann den Vereinbarungen keineswegs bei=
gelegt werden, und das ist auch zweifellos nicht die Absicht der Erdstrom=
kommission gewesen.

Das Verhältnis zu anderen Mitbenutzern der Erde ist
durch die obigen Vereinbarungen nicht berührt. Es würden
hier zunächst noch in Frage kommen die Erdkabel für Stark= und Schwach=
stromzwecke und auch die z. Z. heißumstrittene Frage der Erdleitungen
bei Fernsprechanlagen, wodurch bekanntlich seit Einführung der Gleich=
richteranlagen mehrfach Streitigkeiten mit der Reichs=Telegraphenver=
waltung hervorgerufen wurden. Jedenfalls kann man den Standpunkt
mancher Oberpostdirektionen, als hätte die Post gewissermaßen ein Pri=
vileg auf die Alleinbenutzung der Erde, nicht teilen. Auch die Reichs=
Telegraphenverwaltung hat sowohl bei Kabelverlegungen als auch bei
Benutzung der Erde zu Fernsprechzwecken die Pflicht, die bisherigen
Erfahrungen zu beachten, und es kann auf die seit März 1926 in der Zeit=
schrift „Elektrische Bahnen" erschienenen Artikel über Maßnahmen zur
Beseitigung von Störungen an Schwachstromanlagen durch elektrisch be=
triebene Bahnen verwiesen werden. Es scheint, als ob die besonders
in Schweden gemachten Erfahrungen und ihre Lehren bei uns nicht
genügend Beachtung fänden. Ein verständnisvolleres Zusammenarbeiten
zwischen Schwachstrom= und Starkstrominteressenten ist dringend zu
wünschen.

Bei der Ausarbeitung der Frage der etwaigen Kostentragung für Schutz=
maßnahmen bewendet es bei den gesetzlichen Bestimmungen für alle
Fälle, also sowohl gegenüber Gas= und Wasserrohren als auch Stark= und
Schwachstromkabeln. Von allgemeiner Bedeutung für die Lösung solcher
Fragen sind die Genehmigungsurkunden der einzelnen Bahnen, und es
kann festgestellt werden, daß für Preußen der Erlaß der Minister der
öffentlichen Arbeiten und des Innern vom 9. Februar 1904 einen Wende=
punkt darstellt. Dieser Erlaß soll daher nachstehend zum Abdruck gebracht
werden:

Schutz der Telegraphen- und Fernsprechanlagen gegenüber elektrischen Kleinbahnen.

Der Erlaß vom 31. Dezember 1896 — III. 16 960 IV a. A. 10 162 —, betreffend den
Schutz der Telegraphen- und Fernsprechanlagen gegenüber elektrischen Kleinbahnen
gründet sich auf § 4 Ziffer 2 des Kleinbahngesetzes, wonach bei der Genehmigung von
Kleinbahnen auch der Schutz bestehender Verhältnisse gegen „schädliche Einwirkungen"
der Anlage und des Betriebes der Bahn wahrzunehmen ist. Beschwerdefälle haben Ver-
anlassung gegeben, zu prüfen, inwieweit diese landesgesetzliche Bestimmung in Anwendung
auf vorhandene Telegraphen- und Fernsprechanlagen Rechtswirkungen zu äußern vermag
gegenüber den §§ 12, 13 und 14 des Gesetzes über das Telegraphenwesen des Deutschen
Reiches vom 6. April 1892 (R. Bl. S. 467) und gegenüber den §§ 6 und 13 des Reichs-
Telegraphen-Wege-Gesetzes vom 18. Dezember 1899 (R. Bl. S. 705),·durch welche Ansprüche auf Vermeidung „störender Beeinflussung" von Telegraphen- und Fernsprechlinien durch andere elektrische Anlagen zu privatrechtlichen, im Streitfalle vor den Gerichten zu verfolgenden Ansprüchen erklärt worden sind. Als Ergebnis dieser Prüfung
war festzustellen, daß nach der Reichsgesetzgebung der behördliche Schutz der in Tele-
graphen- und Fernsprechlinien verkörperten öffentlichen Interessen gegen „störende
Beeinflussung" dieser Anlagen durch andere elektrische Anlagen, im Interesse der Rechts-
einheit und eines für das ganze Reichsgebiet einheitlichen Verfahrens, nicht den Ver-
waltungsbehörden, sondern den im Reichsgericht gipfelnden ordentlichen Gerichten hat
zuzustehen und daß den Polizeibehörden der Schutz der Telegraphen- und Fernsprechlinien gegen Einwirkung anderer elektrischer Anlagen nur bezüglich der mit solchen Anlagen für Leben und Eigentum verbundenen Gefahren, kurz die Wahrnehmung der Gefahren-
polizei im engeren Sinne, hat verbleiben sollen. Hiernach ist die Frage, wie elektrische
Anlagen „auszuführen" — d. h. zu konstruieren und anzuordnen sind —, damit sie vorhandene Telegraphen- und Fernsprechlinien nicht „störend beeinflussen", nicht Gegenstand
polizeilicher Fürsorge, sondern der Verständigung der Beteiligten überlassen und im Falle
der Nichtverständigung Sache richterlicher Entscheidung. „Als störende Beeinflussungen"
im Sinne der beiden Reichsgesetze sind nach deren Entstehungsgeschichte anzusehen:
Die Induktionsstörungen, die elektromagnetischen Einwirkungen von Erdströmen bei
Benutzung oder Mitbenutzung der Erde zur Stromrückleitung und örtliche Behinderungen
vorhandener durch neue Anlagen bei nötig werdenden Unterhaltungs-, Erweiterungs-
und Verlegungsarbeiten.

Angesichts dieser Rechtslage hebe ich, der Minister der öffentlichen Arbeiten, den
genannten Erlaß meines Herrn Amtsvorgängers hiermit auf.

Auf Grund des § 55 des Kleinbahngesetzes bestimmen wir, daß bei der polizeilichen
Genehmigung und Beaufsichtigung des Baues und Betriebes elektrischer Kleinbahnen
vor der Bahnanlage vorhanden gewesenen Telegraphen- und Fernsprechanlagen ein polizeilicher Schutz gegen „schädliche Einwirkungen der Anlage und des Betriebes der Bahn"
fernerhin nur insoweit zu gewährleisten ist, als durch den Bau und den Betrieb der Bahn
der Bestand (die Substanz) der Telegraphen- und Fernsprechanlagen und die Sicherheit
des Bedienungspersonales gefährdet werden würde. Als gefährlich in diesem Sinne sind
anzusehen:

a) Die Berührung der beiderseitigen Leitungen,

b) die Wärmewirkungen, die elektrolytischen Wirkungen sowie die Leben und Gesundheit bedrohenden Wirkungen von Erdströmen, die bei Benutzung oder Mitbenutzung der Erde zur Rückleitung entstehen können,

c) die mechanischen Beschädigungen der Telegraphen- und Fernsprechleitungen bei dem Bau und dem Betriebe der Bahn.

Soweit nicht besondere Verhältnisse Abweichungen bedingen, sind bei der Genehmigung die aus der Anlage ersichtlichen „Allgemeinen polizeilichen Anforderungen" zu beachten. Im übrigen bemerken wir folgendes:

1. Im Allgemeinen: Der Anhörung der Reichs-Telegraphenverwaltung nach Maßgabe des § 8 Abs. 2 des Kleinbahngesetzes — unter Mitteilung der im § 5 ebendaselbst vorgesehenen Unterlagen — sowie ihrer Beteiligung am Planfeststellungsverfahren und an der Abnahme der Bahn bedarf es nach wie vor. Die Erörterungen mit der Telegraphenverwaltung über den Schutz ihrer Anlagen gegenüber der Bahnanlage haben sich aber auf solche „schädlichen Einwirkungen" der letzteren und ihres Betriebes zu beschränken, die für den Bestand (die Substanz) der Telegraphen- und Fernsprechanlagen und die Sicherheit des Bedienungspersonals gefährlich werden würden. Ob zwischen der Telegraphenverwaltung und dem Bauunternehmer schon eine Verständigung über die Vermeidung von „störenden Beeinflussungen" in dem oben umschriebenen Sinne zustande gekommen ist, ist für das polizeiliche Prüfungs- und Genehmigungsverfahren selbst dann nicht von Interesse, wenn die erzielte Vereinbarung auch Schutzvorkehrungen gegen Gefahren für Leben und Eigentum zum Gegenstande haben sollte. Die Anforderungen, denen die Bahnanlage im Hinblick auf konkurrierende Telegraphen- und Fernsprechanlagen der Polizeibehörde gegenüber zu genügen hat, sind unabhängig von allen zwischen dem Unternehmer und der Telegraphenverwaltung getroffenen oder etwa noch zu treffenden privatrechtlichen Vereinbarungen und ohne jede Bezugnahme auf solche Vereinbarungen festzusetzen.

2. Zu Nr. 3 der „Allgemeinen polizeilichen Anforderungen":

Die aus den Schienen in die Erde übertretenden Ströme können nicht nur elektrolytisch zerstörend auf ihre Nachbarschaft einwirken, sondern unter Umständen auch eine Leben, Gesundheit und Eigentum bedrohende Stärke annehmen. Diesen Wirkungen vorzubeugen ist der Zweck der Bestimmung, daß die Rückleitung der Schienen eine möglichst vollkommene sein soll. Die Bestimmung soll aber nicht einen Anspruch auf polizeilichen Schutz auch gegenüber den bloß elektromagnetischen, für Leben und Eigentum nicht gefährlichen Einwirkungen solcher Erdströme auf den Telegraphen- und Fernsprechbetrieb begründen.

3. Da induktorische und sonstige elektromagnetische Beeinflussungen der Telegraphen- und Fernsprechleitungen sowie die Behinderung der Unterhaltung, Erweiterung und Verlegung dieser Anlagen durch die Bahnanlage unter den Begriff der „störenden Beeinflussungen" fallen, so enthalten die „Allgemeinen polizeilichen Anforderungen" weder Bestimmungen über die von offenen Telegraphenleitungen und von unterirdischen Telegraphenkabeln noch Grundsätze über die Rechte und Pflichten der beiden Teile im Falle einer „Kollision" der beiderseitigen Rechte (§§ 1024, 1060 und 1090 BGB.). Diese Rechtslage schließt aber nicht aus, daß bei der Genehmigung einer Kleinbahn an der vorgängigen Verlegung einer Telegraphenlinie auch ein polizeiliches Interesse bestehen kann, z. B. dann, wenn bei Lagerung der Gleise einer Straßenbahn unmittelbar über einem im Straßenbahnkörper schon vorhandenen Telegraphenkabel von einer späteren Ausbesserung, Erweiterung oder Verlegung des Kabels unerwünschte Unzuträglichkeiten für den Bahnbetrieb oder für den Straßenverkehr oder wenn bei der Nachbarschaft der beiden Anlagen zerstörende elektrolytische Einwirkungen von den aus den Bahnschienen austretenden Strömen auf das Telegraphenkabel zu besorgen sein sollten. In solchen Fällen kann auch seitens der genehmigenden Behörde die Verlegung des Kabels zur polizeilichen Bedingung für die Genehmigung der Bahn gemacht werden. Andererseits hat die Bahnaufsichtsbehörde auch gegenüber den Unterhaltungs- usw. Arbeiten der Telegraphenverwaltung die Sicherheit des Bahnbetriebes und die Interessen des öffentlichen Bahnverkehrs wahrzunehmen. Kommt also bei der Ausbesserung und Verlegung eines unter der Bahn verlaufenden oder kreuzenden Telegraphenkabels eine Unterbrechung des Bahn-

betriebes in Frage, so ist — nötigenfalls durch besondere an die Telegraphenverwaltung zu erlassende Verfügung — darauf zu halten, daß der Betrieb nicht länger, als durchaus geboten, unterbrochen werde und auch nicht zu Zeiten, in denen die polizeilich zu schützenden Verkehrsinteressen eine Unterbrechung des Bahnbetriebes nicht zulassen. Um der Bahnaufsichtsbehörde den in dieser Beziehung erforderlichen Einfluß zu sichern, ist in der Genehmigung vorgeschrieben, daß längere Betriebseinstellungen der Genehmigung der Bahnaufsichtsbehörde auch dann bedürfen, wenn darüber Einverständnis zwischen der Telegraphenverwaltung und der Bahnbetriebsleitung bestehen sollte, und daß von allen über die fahrplanmäßigen Zeiten hinausgehenden Betriebseinstellungen vorgängige, im Falle dringender Notwendigkeit wenigstens nachträgliche unverzügliche Anzeige an die Bahnaufsichtsbehörde zu erstatten ist.

4. Bestimmungen darüber, wer die Kosten polizeilich geforderter Schutzvorrichtungen und Schutzvorkehrungen zu tragen habe, sind in die Genehmigung nicht aufzunehmen.

5. Mit Rücksicht auf § 13 Satz 2 des Kleinbahngesetzes — wonach die Genehmigung unbeschadet aller Rechte Dritter erfolgt — und die §§ 317 und 318 des Strafgesetzbuches (Fassung der Novelle vom 13. Mai 1891 R.-Bl. S. 107) ist es zwar selbstverständlich, dann, wenn zufolge der polizeilichen Genehmigungsbedingungen eine Veränderung von Telegraphen- oder Fernsprechleitungen oder die Anbringung von Schutzvorrichtungen an den Leitungen in Frage kommen (Ziffer 4, 5 und 6 der „Allgemeinen polizeilichen Anforderungen"), der Unternehmer sich über diese Veränderungen mit der Telegraphenverwaltung zu verständigen hat. Es steht aber auch nichts im Wege, einen darauf bezüglichen nachrichtlichen Hinweis in die Genehmigung aufzunehmen.

6. Die außer den „Allgemeinen polizeilichen Anforderungen" etwa nötig werdenden Sonderbedingungen sind im Planfeststellungsverfahren zu treffen und in solchen Fällen, in denen das Bedürfnis frühestens bei den Probefahrten festgestellt werden kann, vorzubehalten. Sollten die Vertreter der Telegraphenverwaltung im Planfeststellungstermin ausnahmsweise bindende Erklärungen nicht abgeben können, so ist im Termin eine angemessene Frist zu ihrer Nachbringung festzusetzen.

7. Bei Meinungsverschiedenheiten zwischen der genehmigenden Behörde und der Telegraphenverwaltung im Planfeststellungs- oder im Genehmigungsverfahren über erhebliche sachliche Bedenken oder Einwendungen der Telegraphenverwaltung ist an uns zu berichten, falls der Austrag der Sache nach Ansicht der genehmigenden Behörde nicht dem Beschwerdeverfahren überlassen werden kann.

8. Solange die zur Abwendung von Gefahren für Leben und Eigentum gestellten polizeilichen Anforderungen nicht erfüllt sind, darf die Eröffnung des Bahnbetriebes nicht gestattet werden.

9. Es ist zwar nicht die Aufgabe der Polizeibehörden, für die Regelung der privatrechtlichen Ansprüche zu sorgen, welche die konkurrierenden Anlagen gegeneinander aus § 12 des ersten oder aus § 6 des zweiten der beiden Reichsgesetze herleiten. Im Interesse der Verhütung von Prozessen finden wir aber nichts dagegen zu erinnern, daß die genehmigende Behörde auf Wunsch beider Teile zwischen ihnen über jene Ansprüche vermittelt. Die auf diesem Wege erzielten Vereinbarungen können jedoch nicht die Unterlage für polizeiliche Auflagen abgeben; auch darf das polizeiliche Genehmigungsverfahren im Hinblick auf solche Vermittlungsverhandlungen nicht aufgehalten werden. Es ist im Gegenteil geboten, zunächst die polizeilichen Genehmigungsbedingungen festzustellen, da erst auf Grund dieser öffentlichrechtlichen Unterlagen die Beteiligten ihre privatrechtlichen Ansprüche gegeneinander formulieren können.

10. Es ist selbstverständlich, daß auch bez. schon bestehender elektrischer Kleinbahnen die Bahnaufsicht zugunsten benachbarter Telegraphen- und Fernsprechleitungen rechtswirksam nur auf dem durch die Reichsgesetzgebung für eine polizeiliche Zuständigkeit freigelassenen Gebiete ausgeübt werden kann.

Anlage.

Allgemeine polizeiliche Anforderungen an den Bau und Betrieb mit Gleichstrom betriebener elektrischer Kleinbahnen im Hinblick auf die mit solchen Anlagen für den Bestand vorhandener Telegraphen- und Fernsprechanlagen und die Sicherheit des Bedienungspersonals verbundenen Gefahren.

1. Falls die Stromzuführung durch eine oberirdische blanke Leitung erfolgt, muß diese, die „Arbeitsleistung" an allen Stellen, wo die vorhandene oberirdische Telegraphen- oder Fernsprechlinien kreuzt, mit Schutzvorrichtungen versehen sein, durch welche eine Berührung der beiderseitigen Leitungen verhindert oder unschädlich gemacht wird. Solche Vorrichtungen können u. a. bestehen in geerdeten Schutzdrähten oder Fangnetzen, aufgesattelten Holzleisten u. dgl.

2. Wird die Arbeitsleitung (Ziffer 1) noch durch besondere oberirdische blanke Zuleiter gespeist, so müssen die Speiseleitungen da, wo sie von vorhandenen oberirdischen Telegraphen- oder Fernsprechlinien gekreuzt werden, gegen etwaige Berührung durch letztere entweder in ausreichender Erstreckung isoliert oder durch geerdete Fangdrähte oder Fangnetze gedeckt sein. Die Isolation darf auch von einer die normale Betriebsspannung von 1000 V übersteigenden Spannung nicht durchschlagen werden.

3. Falls die Stromrückleitung durch die Gleisschienen erfolgt, müssen diese mit dem Kraftwerk durch besondere Leitungen, die Schienenstöße unter sich durch besonders metallische Brücken von ausreichendem Querschnitt in guter leitender Verbindung stehen.

4. An oberirdischen Kreuzungen der beiderseitigen Anlagen muß der Abstand der untersten Telegraphen- oder Fernsprechleitung von den höchstgelegenen stromführenden Teilen der Bahnanlage mindestens 1 m betragen. Die Masten zur Aufhängung der oberirdischen Leitungen müssen von vorhandenen Telegraphen- oder Fernsprechleitungen mindestens 1,25 m entfernt bleiben.

5. Wo die Arbeits- oder Speiseleitungen der Bahn streckenweise in einem Abstande von weniger als 10 m neben den Telegraphen- oder Fernsprechleitungen verlaufen und die örtlichen Verhältnisse eine Berührung der beiderseitigen Leitungen auch beim Umstürzen der Träger oder beim Herabfallen der Drähte nicht ausschließen, müssen die Gestänge der Bahnanlage, nötigenfalls auch die der Telegraphenanlage, durch kürzere als die sonst üblichen Abstände, durch entsprechend stärkere Stangen und Masten und durch sonstige Verstärkungsmittel (Streben, Anker u. dgl.) gegen Umsturz besonders gesichert sein; auch müssen die Drähte an den Isolatoren so befestigt sein, daß eine Lösung aus ihren Drahtlagern ausgeschlossen ist.

6. Unterirdische Speiseleitungen müssen unterirdischen Telegraphen- und Fernsprechkabeln tunlichst fernbleiben. Bei Kreuzungen und bei seitlichen Abständen der Kabel von weniger als 0,50 m müssen die Bahnkabel auf der den Telegraphenkabeln zugekehrten Seite mit Zementhalbmuffen von wenigstens 0,06 m Wandstärke versehen und innerhalb dieser in Wärme schlecht leitendes Material (Lehm oder dgl.) eingebettet sein. Diese Muffen müssen 0,50 m zu beiden Seiten der gekreuzten Telegraphenkabel, bei seitlichen Annäherungen ebensoweit über den Anfangs- und Rndpunkt der gefährlichen Strecke hinausragen. Liegt bei Kreuzungen und bei seitlichen Abständen der Kabel von weniger als 0,50 m das Bahnkabel tiefer als das Telegraphenkabel, so muß letzteres zur Sicherung gegen mechanische Angriffe mit zweiteiligen eisernen Rohren bekleidet sein, die über die Kreuzungs- und Näherungsstelle nach jeder Seite hin 1 m hinausragen. Solcher Schutzvorrichtungen bedarf es nicht, wenn die Bahn- oder die Telegraphenkabel sich in gemauerten oder in Zement- oder dgl. Kanälen von wenigstens 0,06 m Wandstärke befinden.

7. Von beabsichtigten Aufgrabungen in Straßen mit unterirdischen Telegraphen- oder Fernsprechkabeln ist der zuständigen Oberpostdirektion oder den zuständigen Post- oder Telegraphenämtern beizeiten vor dem Beginn der Arbeiten schriftlich Nachricht zu geben. Falls durch solche Arbeiten der Telegraphen- oder Fernsprechbetrieb gestört werden könnte, sind die Arbeiten auf Antrag der Telegraphenverwaltung zu Zeiten auszuführen, in denen der Telegraphen- bzw. Fernsprechbetrieb ruht.

8. Fehler — d. h. ein schadhafter Zustand — in der Starkstromanlage der Bahn, durch welche der Bestand der Telegraphen- oder Fernsprechanlage oder die Sicherheit des Bedienungspersonals gefährdet werden könnte, sind ohne Verzug zu beseitigen; außerdem ist der elektrische Betrieb der Bahn im Wirkungsbereich der Fehler bis zu deren Beseitigung einzustellen.

9. Für den Fall, daß die in diesen Bestimmungen vorgesehenen Schutzvorrichtungen sich nicht als ausreichend erweisen sollten, um Gefahren für den Bestand (die Substanz) der Telegraphen- oder Fernsprechanlagen oder die Sicherheit des Bedienungspersonals

fernzuhalten, bleibt vorbehalten, jederzeit weitergehende gefahrenpolizeiliche Anforderungen zu stellen.

10. Vor dem Vorhandensein der vorgeschriebenen Schutzvorrichtungen darf das Leitungsnetz auch für Probefahrten oder sonstige Versuche nicht unter Strom gesetzt werden. Von der beabsichtigten Unterstromsetzung ist der Telegraphenverwaltung mindestens drei freie Wochentage vorher schriftlich Mitteilung zu machen. Ferner ist mindestens vier Wochen vorher von der beabsichtigten Inbetriebnahme der Bahn oder einzelner Strecken schriftlich Nachricht zu geben.

Während vor diesem Erlaß den Bahnen ganz außerordentliche Auflagen zum Schuße anderer Anlagen, besonders aber bei Telegraphen- und Fernsprechanlagen gemacht wurden, ist durch den angezogenen Erlaß eine wesentliche Milderung eingetreten. Vorher war der Schuß derart weitgehend, daß ungefähr alle Störungen und Schäden, die dem Telegraphen- und Fernsprechbetrieb entstanden, den Bahnen zur Last gelegt wurden, während der Erlaß hiermit aufräumte und die behördlichen Eingriffe auf einen polizeilichen Schuß gegenüber direkten Schäden an der Substanz der Schwachstromanlage beschränkte, für Störungsfälle wurde auf entsprechende Vereinbarungen zwischen beiden Teilen verwiesen, nötigenfalls haben die ordentlichen Gerichte zu entscheiden. Damit ist auch die Frage der etwaigen Mitwirkung der Aufsichtsbehörden auf die Schadensfälle, die im Ministerialerlaß behandelt sind, beschränkt!

Im Verhältnis zu den Schwachstromleitungen der Reichstelegraphenverwaltung kommen ferner das Reichstelegraphengesetz vom 6. April 1892 und das Reichs-Telegraphenwegegesetz vom 18. Dezember 1899 zur Anwendung. Besonders das letztere Gesetz ist von einschneidender Bedeutung, da es die Rechte des Wegeunterhaltungspflichtigen wiederherstellt und die Kosten für Schutzmaßnahmen in angemessener Weise verteilt. Ohne auf diese Rechtsfrage näher einzugehen, kann als durch Gesetz festgestellt gelten, daß z. B. die Bahnen des Wegeunterhaltungspflichtigen auf ihre Kosten keine Schutzmaßnahmen für die Postleitungen herzustellen haben.

Die technischen Schutzmaßnahmen gegenüber Postleitungen sind durch den Postminister zusammengefaßt in: „Allgemeine Vorschriften zum Schuß vorhandener Reichs-Telegraphen- und Fernsprechanlagen gegen neue elektrische Bahnen" gültig ab 1. Juli 1910. Es geht aus den Vorschriften selbst hervor, daß kein Bezug genommen wurde auf die Vorschriften der Erdstromkommission und bez. der Kostentragung für solche Schutzmaßnahmen ist auf die gesetzlichen Bestimmungen, die bereits erwähnt sind, verwiesen.

§ 36.

L. Fahrzeuge (1).

(1) Unter Fahrzeugen sind Lokomotiven, Triebwagen, Beiwagen usw. elektrischer Bahnen für Personen und Güterbeförderung zu verstehen. Die Betriebsmittel der sogenannten Industriebahnen, Verschiebe- und Abraumlokomotiven fallen also ebenfalls unter diese Vorschriften, dagegen sind für Bagger (Abraumbagger u. dgl.) besondere Leitsätze (§ 47 der all-

gemeinen Vorschriften) aufgestellt. Auch die sonstigen Fahrzeuge elektrischer Bahnen, soweit dieselben mit der Betriebsunterhaltung der elektrischen Teile zu tun haben, fallen unter diese Vorschriften, dazu gehören z. B. Montagewagen für die Oberleitung. Bei automobilen Montagewagen bezieht sich dies naturgemäß nur auf die Sondereinrichtungen, wie Montagegerüst usw. In Sonderheit wird auch auf die Unfallverhütungsvorschriften (für Betriebsunternehmer) der Straßen- und Kleinbahn-Berufsgenossenschaft § 177 verwiesen.

a) Die elektrische Ausrüstung ist so anzuordnen, daß die Forderungen bezüglich Berührungsschutz nach § 3a und b erfüllt werden (2).

(2) Ein Unterschied zwischen Niederspannung und Hochspannung ist nicht vorgesehen, weil es sich in der Hauptsache um Hochspannungsanlagen handeln wird, deshalb sollen diese auch zunächst behandelt werden. Es kann dabei auf die Erläuterungen zu § 3 verwiesen werden, wiederholt soll nur werden, daß auch für elektrische Bahnwagen als Erfahrung festgestellt werden kann, daß die Isolierung im allgemeinen den Vorzug verdient, da dieselbe in den meisten Fällen dauernd betriebssicherer hergestellt werden kann, als die Erdung. Naturgemäß erfordert die Isolierung bei Apparaten der Bahnwagen besondere Sorgfalt, und nur reichliche Abstände der Pole und kräftige Ausführungen aller Teile einschließlich der Schutzkappen werden auf die Dauer den rauhen Anforderungen des Bahnbetriebes gewachsen sein. Leider muß gesagt werden, daß dieses Gebiet nicht immer die gebührende Beachtung gefunden hat.

Bez. der Ausführung der Erdung bei Fahrzeugen wird auf Erläuterung 5 zu § 36b verwiesen.

Nach § 3b müssen sowohl die blanken als auch die mit Isolierstoff bedeckten Teile durch ihre Lage, Anordnung oder besondere Schutzvorkehrungen der Berührung entzogen sein. Im § 3a, wo es sich um den Schutz in Niederspannungsanlagen handelt, besteht die Milderung, daß sich der Berührungsschutz nur auf blanke, im Handbereich liegende Teile bezieht, die zufällig berührt werden können. In beiden Fällen kommen nur Teile in Frage, die unter Spannung gegen Erde stehen. Gemäß § 2d sind die abgeschlossenen Führerstände, die Oberseite des Daches und die Unterseite des Fußbodens von Fahrzeugen sowie das Innere von elektrischen Lokomotiven, elektrische Betriebsräume, so daß im wesentlichen als Räume im Sinne des § 36a z. B. die Plattformen und das Innere von Wagen elektrischer Bahnen zu verstehen sind, also enger gefaßt diejenigen Räume der Fahrzeuge, die den Fahrgästen betriebsmäßig zugängig sind.

Durch vorliegende Vorschrift soll der Schutz gegen Berührung nur hinsichtlich der Gefahren behandelt werden, die beim Übertritt der Elektrizität auf den menschlichen Körper erwachsen, d. h. es wird nur der Schutz der Personen, nicht aber der Schutz der Leitungen und Apparate gegen schädliche mechanische und chemische Einwirkungen behandelt.

Der Schutz muß nicht nur zufällige Berührung hindern, vielmehr muß der Gegenstand der Berührung durch seine Lage oder Anordnung entzogen sein, sofern die Teile unter Hochspannung stehen, und zwar auch, wenn diese Teile isoliert sind. Ist dies nicht möglich, so ist die Anordnung besonderer Schutzvorrichtungen erforderlich. Dabei braucht nicht soweit gegangen zu werden, daß jede, vielleicht angestrebte Berührung unmöglich gemacht wird, denn gegen gewaltsame oder mit besonderen Hilfsmitteln herbeigeführte Berührung hilft keine Maßnahme.

Es hat sich durch die Praxis bereits eine gute Handhabung herausgebildet, indem die Leitungen verdeckt verlegt, soweit dieselben dem Publikum ohne besondere Bemühungen zugängig sind und die Apparate außerhalb des Handbereiches angeordnet werden. Bei wenigen Teilen ist dies allerdings nicht möglich, so z. B. bei den Fahrschaltern auf normalen Straßenbahnwagen, also in nicht verschlossenen Führerständen. Hier ist das übliche die Erdung der Fahrschaltergehäuse, was schon aus dem Grunde zweckmäßig ist, um eine Gefährdung des Fahrers durch gleichzeitige Berührung der an sich geerdeten Bremskurbel mit der vielleicht unter Spannung stehenden Kurbel oder dem Gehäuse zu verhindern. Allerdings sollte man sich klar darüber sein, daß in dieser Annahme gewisse Betriebsnachteile liegen. Fahrschalter nämlich, die so leicht Erd- bzw. Körperschluß erhalten, sind nicht gerade betriebssicher. Auch hier müssen die Abstände usw. so groß sein, daß ein Überschlag praktisch ausgeschlossen ist. Dann aber ist natürlich auch eine isolierte Aufstellung der Fahrschalter möglich. Im übrigen gelten für die sinngemäße Konstruktion der Schaltapparate usw, die

„Regeln für die Bewertung und Prüfung von Steuergeräten, Widerstandsgeräten und Bremslüftern für aussetzende Betriebe RAB/1926" und die

„Regeln für die Konstruktion, Prüfung und Verwendung von Schaltgeräten bis 500 V Wechselspannung und 3000 V Gleichspannung RES 1928".

Im übrigen muß es betriebstechnisch durchaus möglich sein, daß das Personal zu Teilen gelangt, die unter Spannung stehen, was durch Anordnung von Klappen, Türen usw. geschehen kann. Ein Verschluß dieser Klappen und Türen kann nicht gefordert werden, sondern nur eine geeignete Zuhaltung.

Die Griffe und Schutzkappen der Handschalter (auch für Licht) sind zwar vorschriftsmäßig nicht spannungsführend, trotzdem empfiehlt es sich, diese Schalter so anzuordnen, daß dieselben außerhalb des Handbereiches liegen. Bei sehr reichlichen Isolierungen kann auch von dieser Regel abgesehen werden, wobei jedoch die Auswahl der Apparate sorgfältig getroffen werden muß, da die gängigen Installationsmaterialien in dieser Beziehung vielfach zu wünschen übrig lassen. Zwar sind die Hochspannungsvorschriften im § 11 für Schalter bei Fahrzeugen nicht anzuwenden, dafür muß aber, wie oben geschildert, eine genaue Beachtung des § 36a bei der

Konstruktion und Anordnung der Schalter stattfinden. Die Ausführung der Dosenschalter, Sicherungen, Stecker und Fassungen muß nach den „Vorschriften für die Konstruktion und Prüfung von Installationsmaterial" erfolgen. Normale Spannungen sind 250, 500 und 750 V. Da die Straßenbahnen meist mit 550 V betrieben werden, ist die Verwendung von Schaltern usw. für 750 V unbedingt geboten!

Besonderes Augenmerk ist auf die Beleuchtungskörper und Fassungen zu richten. In § 18 b ist gesagt, daß zugängliche Beleuchtungskörper nur bei Gleichstrom und nur bis 1000 V gestattet sind. Ihre Metallkörper müssen geerdet sein. Unter zugänglichen Beleuchtungskörpern sind solche zu verstehen, die im Handbereich der Fahrgäste liegen, also niedrig angeordnete metallene Wandbeleuchtungskörper, Scheinwerfer u. dgl. Da es sich um eine reine Schutzerdung handelt, durch welche eine Verletzung von Menschen verhütet werden soll, genügt bei den angewendeten kleinen Stromstärken der Beleuchtungskreise ein Querschnitt von 4 mm² als Mindestquerschnitt der „Leitsätze für Schutzerdungen in Hochspannungsanlagen", wenn nicht schon z. B. das geerdete Plattformblech als ausreichende Erdzuleitung angesehen werden kann. Eine weitere Sicherheit bietet ja die Durchbildung der Fassung und die vorgeschriebene reichliche Bemessung der Räume für die Leitungsführung in den Beleuchtungskörpern.

Die Beschränkung der Spannung für zugängliche Beleuchtungskörper auf 1000 V Gleichstrom könnte nur Schwierigkeiten bei niedrig angeordneten Scheinwerfern machen, jedoch läßt sich dies durch Anordnung der Scheinwerfer auf dem Dach umgehen. Bei Wechselstrom entstehen Schwierigkeiten überhaupt nicht, vielmehr bietet die einfache Möglichkeit der Herabtransformierung des Stromes auf Niederspannung ein sehr einfaches und zu empfehlendes Mittel, um außerhalb der Hochspannung zu bleiben.

Gemäß § 18 h sind Handleuchten bei Hochspannung nicht zulässig, für elektrische Betriebsräume ist in § 28 k eine Ausnahme bis 1000 V Gleichstrom gemacht. Unter diese Ausnahmebestimmung fällt auch die Prüfung beschädigter Beleuchtungsstromkreise in Fahrzeugen mittels der Handlampe durch unterwiesenes Personal. Der dieser Prüfung hinderliche § 13 ist für Fahrzeuge in Fortfall gekommen, es müssen jedoch die Kontakte der Steckvorrichtungen der zufälligen Berührung, und zwar auch nur eines Kontaktes entzogen sein.

Gemäß § 16 e sind zugängliche Glühlampen und Fassungen nur für Gleichstrom und nur für Betriebsspannungen bis 1000 V zulässig. Dieser Bedingung wird man unschwer genügen können durch entsprechende Anordnung der Lampen. Die konstruktive Durchbildung der Fassungen bedarf dagegen der größten Sorgfalt unter Beachtung des § 16 a Absatz 3. Es ist nicht angängig, wie dies vielfach sogar bei neugelieferten Wagen geschieht, Installationsfassungen der primitivsten, billigsten Ausführung zu wählen, da die gemachten Ersparnisse in gar keinem Verhältnis zu den vielen betrieblichen Nachteilen stehen. In der Erläuterung zu § 36 g wird hierüber noch näheres gesagt werden.

Bei Fahrzeugen, die ganz oder teilweise unter die Niederspannungs=vorschriften fallen, treten wesentliche Erleichterungen gemäß § 3 a ein.

b) Die nicht spannungsführenden Metallteile, die Spannung annehmen können, sind, soweit sie der zufälligen Berührung durch die Fahrgäste ausgesetzt sind, auch in abgeschlossenen Führerständen, gemäß § 3c zu erden oder ander-weitig zu schützen (3). Dagegen kann auf der Oberseite des Wagendaches, der Unterseite des Fußbodens und im Inneren von Lokomotiven die Erdung oder der Schutz solcher Metallteile entfallen, soweit die Isolation der spannungs-führenden Teile dieses erfordert (4), mit Ausnahme der Körper der Maschinen und der Gehäuse der Transformatoren, die stets gemäß § 3c zu erden oder zu schützen sind (5).

(3) Auch die rein konstruktiven Metallteile können den Menschen ge=fährden, wenn diese Teile in irgendeiner Weise Schluß mit stromführenden Teilen erhalten oder durch überschlagende Funken, Kriechströme oder durch Induktion geladen werden. Die gedrängte Anordnung der Apparate, z. B. Fahrschalter usw., ferner die zu Zeiten auftretende Überbesetzung der Fahrzeuge verlangen in dieser Beziehung die größte Vorsicht. Als Mittel zur Verhütung von Verletzungen kommen zwei Wege in Frage, einmal die Erdung dieser Metallteile, sodann die Isolierung der Umgebung der Metallteile. Obwohl die Erdung ihre Vorteile hat, bietet dieselbe bez. der konstruktiven Durchbildung der Apparate mancherlei Schwierig=keiten, so daß die Erdung vielfach mit betrieblichen Nachteilen verbunden ist. Es ist daher durchaus nicht einseitig der Erdung den Vorzug zu geben, sondern es ist von Fall zu Fall zu überlegen, ob nicht eine Isolierung vorgezogen werden muß. Letztere muß allerdings auch unter Berück=sichtigung der in den Fahrzeugen unvermeidlichen Feuchtigkeit einwandfrei sein und sie darf sich nicht allein auf den Fußboden beziehen. Z. B. kann eine Beschädigung von Personen dann eintreten, wenn ein geerdeter Metallteil und ein nicht geerdeter gleichzeitig mit beiden Händen erfaßt werden, unter der Voraussetzung, daß der nicht geerdete Metallteil in=zwischen unbemerkt Schluß erhalten hat. Infolgedessen bedarf auch die Frage der Erdung oder Isolierung von sonstigen Metallteilen, die nicht mit den elektrischen Apparaten in Verbindung stehen, sondern zur Wagen=konstruktion gehören („Neutrales Metall"), genauer Prüfung. Bei höl=zernen Wagenkästen wird hiergegen oft verstoßen, da bei der Konstruktion vielfach die elektrischen Belange nicht genügend berücksichtigt werden. Eine solche Vernachlässigung kann auch zu Brandschäden an den Fahrzeugen führen. Man sollte daher solche Metallteile des hölzernen Wagenkastens durch ihre Lage bzw. Entfernung von stromführenden Metallteilen ein=wandfrei isolieren und nur in Notfällen erden.

Es gehört hierzu auch die Anbringung der Aufsteiggriffe, deren iso=lierte Befestigung an einem Holzpfosten durchaus einwandfrei ist, wenn eine unvorhergesehene Erdung ausgeschlossen ist. Eine Erdung dieser

Griffe kann unter Umständen gefährlich werden, wenn das Fahrzeug isoliert steht.

Bei Wagenkästen mit eisernem Gerippe ist wohl die Erdung einfacher, dagegen treten Schwierigkeiten bez. der Isolierung auf, die besonderer Prüfung bedürfen.

Der Schutz von Personen soll nur vorhanden sein bei zufälligen Berührungen, und ferner ist er in gleichem Maße vorgeschrieben, und zwar zur größeren Sicherheit, auch für abgeschlossene Führerstände. Die konstruktiven Metallteile brauchen also nicht der Berührung entzogen zu sein, es ist also gegenüber den allgemeinen Vorschriften eine Milderung eingetreten.

(4) Die dem allgemeinen Publikum nicht zugänglichen Wagenteile, wie das Dach, die Unterseite des Fußbodens und die Lokomotive über=haupt bedürfen nicht eines so weitgehenden Schutzes wie oben angegeben. Das würde sich nur zum Nachteile der Apparate usw. auswirken, da sowohl die Erdung als auch der sonstige Schutz, wie bereits oben angegeben, mit konstruktiven Nachteilen verbunden sind. Hier kann die nötige Unterrichtung des Bedienungspersonales angenommen werden, zumal bei einzelnen Apparaten, z. B. Blitzableiter, Funkenlöscher an Selbst=schaltern usw. sich dahingehende Vorschriften gar nicht erfüllen lassen würden.

(5) Auch hier ist zu prüfen, ob Erdung oder Isolierung vorzuziehen ist. Bei den üblichen Aufhängungen der Motoren an den Achsen bei Straßenbahnwagen ist eine Erdung an sich vorhanden, bei Lokomotiven wird man überlegen müssen, welchen Weg man wählt. Beide Wege haben ihre Vor= und Nachteile in ähnlicher Weise wie bei den Apparaten geschildert. Die neuere Ausführung des Antriebes von Straßenbahnwagen mit Kardanantrieb (Albrecht=Krupp=System), bei welchen die Motoren isoliert unter dem Wagenkasten aufgehängt sind, bedürfen zweifellos eines weiteren Schutzes nicht. Infolge ihrer Anordnung sind derartige Motoren auch der zufälligen Berührung entzogen, zumal eine Gefährdung des Bedienungspersonals, welches unter dem Wagen arbeitet, nur bei Durch=schlag zum Gehäuse erfolgen würde.

Was als Erdung von Fahrzeugen überhaupt zu verstehen ist, bedarf ebenfalls der Prüfung. Nicht immer genügt die kürzeste Verbindung mit dem Fahrzeuglängsträger mit ausreichend starken Leitungen in der Annahme, daß damit eine einwandfreie Erdung über Federn, Achsbuchsen und Räder zur Schiene gegeben sei. Die Ölfilme der verschiedenen Lager=stellen können unter Umständen schon die Erdung wesentlich verschlechtern, weshalb verschiedentlich zu Erdungsbürsten, die zwischen Untergestell und Radstern schleifen und die direkt mit dem Wagenkastenlängsträger ver=bunden sind, übergegangen wurde. Besonders für die einwandfreie Ab=leitung von atmosphärischen Überspannungen wird diese Einrichtung gute Dienste tun, zumal wenn die Erdleitung der Blitzableiter ohne Knicke möglichst direkt zum Wagenkastenlängsträger geführt wird.

*c) Die elektrischen Maschinen und Transformatoren müssen ein Lei-
stungsschild besitzen, auf dem die in den §§ 58 und 59 der „Regeln für die
Bewertung und Prüfung von elektrischen Bahnmotoren und sonstigen Maschinen und Transformatoren auf Triebfahrzeugen (REB 1925)" geforderten
Angaben vermerkt sind* (6).

(6) Die „Regeln für die Bewertung und Prüfung von elektrischen Bahnmotoren und sonstigen Maschinen und Transformatoren auf Triebfahr-
zeuge REB/1925" enthalten eine große Reihe wichtiger und z. T. neuer
Bestimmungen, die selbstverständlich zu beachten sind. In Sonderheit
darf hierbei auf die Vorschriften über die Prüfspannung verwiesen werden,
die z. B. bei der Wicklung eines Bahnmotors für 600 V Betriebsspannung
3 E bzw. 2 E + 1000 = 1800 bzw. 2200 V betragen muß, dabei ist als
Prüfspannung fremder Wechselstrom zu verwenden.

Schienenbremsen werden ebenfalls obigen Regeln unterliegen müssen,
da dieselben ihrer Ausführungsart nach weniger zu den Apparaten gehören.

Auch die „Normen für die Bezeichnung von Klemmen bei Maschinen,
Anlassern, Reglern und Transformatoren" gültig ab 1. Juli 1909 werden
sinngemäß anzuwenden sein.

*d) Die Zellen elektrischer Akkumulatoren müssen sowohl gegeneinander
als auch gegen das Fahrzeug gut isoliert aufgestellt sein.*

*e) Die Akkumulatorenbatterie ist so zu umkleiden, daß eine zufällige
Berührung durch Unberufene verhindert ist.*

*f) Besondere Schalt- und Verteilungstafeln müssen aus feuersicherem
Baustoff bestehen, Holz ist als Umrahmung zulässig* (7). *Sicherungen und
Schalter sind mit einer Bezeichnung zu versehen, aus der hervorgeht, zu welchen
Stromkreisen sie gehören* (8).

(7) „Besondere" Schalt- und Verteilungstafeln! Damit soll gesagt sein,
daß Schalt- und Verteilungstafeln nicht unbedingt gefordert werden, wenn
sich die betr. Apparate, also in der Hauptsache Schalter und Sicherungen,
den Vorschriften entsprechend anderweitig unterbringen lassen. (Siehe
Anmerkung zu § 36a.) Jedoch bricht sich immer mehr die Ansicht Bahn,
daß es zweckmäßiger ist, auch in den Fahrzeugen Schalt- und Verteilungstafeln vorzusehen. Sinngemäß sind dann die allgemeinen Vorschriften
§ 9 anzuwenden. Die Notwendigkeit des Einbaues in einem Schrank
oder dgl. ergibt sich aus Erläuterung 1 dann, wenn die Verteilungstafeln im Handbereich liegen. Die Abschließbarkeit solcher Schränke ist
nicht notwendig, wenn für eine zuverlässige Zuhaltung gesorgt wird.

Als Baustoffe kommen Marmor, Kunststein u. dgl. in Frage. Wegen
der gedrängten Anordnung wird sich in Straßenbahnwagen Eisen weniger
empfehlen.

(8) Besonders notwendig ist die Bezeichnung der Schalter und Sicherungen zur Unterscheidung von Licht- und Heizstromkreisen, desgl. bei
Schützenanordnungen usw. Nicht erforderlich ist eine diesbez. Bezeichnung
der Hauptschalter, sofern nur ein Stromkreis vorhanden ist. Nach § 11b
und 14c müssen ferner die Schalter und Sicherungen mit einer Bezeich-

nung der Nennstromstärke und Nennspannung versehen sein. Die Erkenn=
barkeit der Schaltstellung von Hochspannungsschaltern gemäß § 11f und
die Bezeichnung der Steckvorrichtungen mit Nennstromstärke und Nenn=
spannung ist für Fahrzeuge nicht gefordert worden, es empfiehlt sich
jedoch dringend, die Heizstromschalter mit einer genauen Bezeichnung
der Schaltstellung zu versehen, um das irrtümliche Einschalten von Heiz=
körpern besonders während der Nachtzeit zu vermeiden, da anderen
Falles Überhitzungen der Heizkörper und Brände in den Wagen eintreten
können.

*g) Sämtliche Apparate und deren Anschlußstellen sind in kräftiger
stoß- und erschütterungsfester Ausführung herzustellen (9).*

(9) Unter Apparaten sind alle diejenigen elektrischen Einrichtungen zu
verstehen, die nicht unter Maschinen und Transformatoren fallen, ferner
diejenigen, die nicht als Leitungen anzusprechen sind. Schienenbremsen
sind unter Maschinen zu rechnen. Apparate sind also Schalter, Fahr=
schalter, Widerstände, Stromabnehmer, Sicherungen, Heizkörper, Be=
leuchtungskörper usw. Infolgedessen sind auch die diesbez. Normen und
Regeln des VDE sinngemäß anzuwenden. In Frage kommen in der
Hauptsache:

a) Regeln für die Bewertung und Prüfung von Steuergeräten, Wider=
standsgeräten und Bremslüftern für aussetzenden Betrieb. RAB/1925.
Gültig ab 1. Juli 1926.

b) Normen für die Bezeichnung von Klemmen bei Maschinen, Anlassern,
Reglern und Transformatoren. Gültig ab 1. Juli 1909.

c) Vorschriften für elektrische Heizgeräte und elektrische Heizeinrichtungen.
VEHz/1925. Gültig ab 1. Januar 1925.

d) Normen für Anschlußbolzen und ebene Schraubkontakte für Strom=
stärken von 20—1500 A. Gültig ab 1. Januar 1912.

e) Vorschriften für die Konstruktion und die Prüfung von Installations=
material. Gültig ab 1. Juli 1926.

f) Regeln für die Konstruktion, Prüfung und Verwendung von Schalt=
geräten bis 500 V Wechselspannung und 3000 V Gleichspannung
RES/1928. Gültig ab 1. Juli 1928.

g) Leitsätze für die Konstruktion und Prüfung von Wechselstrom=Hoch=
spannungsapparaten von einschl. 1500 V Nennspannung aufwärts.
Gültig ab 1. Januar 1914.

Die Beachtung der genannten Vorschriften ist im Interesse der Betriebs=
sicherheit unbedingt zu fordern. Vielfach findet man in Fahrzeugen voll=
kommen unzulängliche Schalter, Sicherungen, Fassungen u. dgl., die in
einer Niederspannungsinstallation ihren Zweck zur Not erfüllen mögen,
nicht aber in einem Fahrzeug mit seinen wesentlich höheren Bean=
spruchungen. Leider wird diese Frage bei Wagenbauten nur unter=
geordnet behandelt, andererseits sollte ein Mehrpreis gegenüber den
üblichen Preisen für Installationsmaterialien im Interesse der Betriebs=

ſicherheit keine Rolle ſpielen. Bei Faſſungen iſt die neue Beſtimmung des § 36 der Vorſchriften für Inſtallationsmaterial beſonders bemerkens= wert, die ab **1. Juli 1926** Gültigkeit hat, wonach die äußeren Teile der Faſſung bei Hochſpannung aus Iſolierſtoff beſtehen und ſämtliche ſpan= nungsführenden Teile der zufälligen Berührung entzogen ſein müſſen. Eine Reihenſchaltung von 6 Lampen bei 600 V iſt ſelbſtverſtändlich als unter Hochſpannung fallend anzuſehen. Für den Austauſch der unvor= ſchriftsmäßigen Faſſungen iſt ein beſtimmter Zeitpunkt nicht vorgeſehen, jedoch wird ſeitens der Berufsgenoſſenſchaften verlangt, daß in beſonders gefährlichen Stromkreiſen dieſe Auswechſelung umgehend geſchehen müſſe. Die Beleuchtungsſtromkreiſe in Straßenbahnwagen ſind unbedingt ſolche gefährlichen Stromkreiſe. Wie wird nun der neuen Forderung ent= ſprochen? Dazu kann geſagt werden, daß die vielfach verwendete ſo= genannte Illuminationsfaſſung in Majolika=Beleuchtungskörpern, ſofern letztere genügend überragen, den Beſtimmungen entſpricht. Dagegen ſind z. B. alle Faſſungen mit Blechmantel, auch in Beleuchtungskörpern, auszuwechſeln, falls bei Öffnung des Beleuchtungskörpers der Blech= mantel zugänglich iſt.

Die Reparatur von Lichtſchaltern ſollte möglichſt vermieden werden, reparierte Sicherungen zu verwenden iſt nicht zuläſſig. Es empfiehlt ſich ferner Schmelzſicherungen unter 6 A überhaupt nicht mehr zu verwenden, da die Empfindlichkeit der Sicherungen für niedrige Stromſtärken bei den unvermeidlichen Erſchütterungen zu groß iſt. Ab 1928 ſollen ſchon nach den allgemeinen Vorſchriften Sicherungen unter 10 A nicht mehr verwendet werden.

h) *Die Handhaben der Fahrſchalter ſind in der Weiſe abnehmbar an= zuordnen, daß das Abnehmen nur bei ausgeſchaltetem Fahrſtrom erfolgen kann.*

i) *Die Stromzuführung zu dem Fahrſchalter muß auf jedem Führer= ſtand durch einen Schalter unterbrochen werden können* (10). *Ein Ausſchalten der Beleuchtung darf hierbei nicht erfolgen* (11).

1. *Sind andere Vorrichtungen vorgeſehen, die den gleichen Zweck erreichen, ſo kann von dieſer Vorſchrift abgeſehen werden.*

(10) Hierbei iſt beſonders an normale Straßenbahnwagen gedacht. Es ſoll eben möglich ſein, daß auch der Schaffner im Notfalle den Strom aus= ſchalten kann, die beiden Schalter werden daher gewöhnlich hintereinander geſchaltet. In Motorwagen, die von der Normalform abweichen, z. B. Mitteleinſtiegwagen, entſtehen hierdurch verwickelte Leitungsführungen, auf die jedoch im Intereſſe der Betriebsſicherheit nicht verzichtet werden kann.

(11) Daß die Beleuchtung an ſich nicht mit dem Hauptſtrom ausge= ſchaltet werden darf, iſt ſelbſtverſtändlich, da ſonſt Beunruhigungen des Publikums eintreten würden. Es wird hierbei darauf hingewieſen, daß gemäß § 14e die Abzweigleitung bis zur Sicherung möglichſt kurz be= meſſen werden muß.

k) Bremsstromkreise dürfen weder mit Schmelzsicherungen noch mit Selbstschaltern gesichert sein (12).

2. Bei Fahrzeugen für Oberleitungsbetrieb soll hinter dem Stromabnehmer ein Überspannungsschutz eingebaut werden. Die zugehörende Erdzuleitung ist auf dem kürzesten Wege zu dem Wagenuntergestell zu führen (13).

3. Stromkreise für Stromrückgewinnung gelten nicht als Bremsstromkreise im Sinne der Vorschrift k (14).

(12) Daß Bremsstromkreise nicht gesichert werden dürfen, entspricht dem Verlangen nach größtmöglicher Sicherheit des Bremsvorganges. Sicherungen würden zum Versagen der elektrischen Bremsen führen können, ihre Anwendung ist daher in diesem Falle direkt verboten. Als Bremsen kommen hier die elektrische Kurzschlußbremse, die Schienenbremse, Solenoidbremse und alle anderen elektrisch betätigten Bremsen in Frage. Auch die vielfach verwendete Frischstrom-Schienenbremse darf keine Sicherung enthalten! Ferner dürfen die noch vereinzelt verwendeten Batterie-Schienenbremsen nicht gesichert werden. Da durch das Fehlen der Sicherungen elektrisch ungeschützte Leitungen vorhanden sind, kann eine Überlastung dieser Leitungen mit ihren bekannten Folgen eintreten, wenn nicht bei der Bemessung der Leitungsquerschnitte (nach § 20 Spalte 2) und der Verlegung der Leitungen sehr sorgfältig verfahren wird. Auch alle irgendwie entbehrlichen Schalter, Schützen u. dgl. wird man aus den gleichen Gründen in Bremsleitungen vermeiden müssen.

Gemäß § 14 e Absatz 2 ist für Fahrzeuge die sonst allgemeine Vorschrift, bei jeder Querschnittsverringerung zu sichern, aufgehoben. Dies gilt jedoch nur für Schaltleitungen, also alle Leitungen zwischen Fahrschalter und Motor usw., da auch hier die Sicherung betriebsstörend wirken würde. Man wird jedoch Sicherungen in Fahrleitungen, Lichtleitungen usw. überall dort anwenden, wo dies praktisch möglich ist, ohne den Betrieb störend zu beeinflussen, da an sich der elektrische Schutz der Leitungen nicht vernachlässigt werden soll. Insbesondere werden Schützen und ähnliche Apparate in Fahrleitungen zweckmäßig gesichert, da dieselben meist sehr empfindlich gegen Überlastungen sind.

(13) Daß der geeigneten Bemessung und Verlegung der Erdleitungen für Blitzableiter besondere Sorgfalt zu widmen ist, bedarf keiner besonderen Erwähnung. In Erläuterung (4) zu § 36 ist bereits näher auf die Erdleitungen eingegangen worden.

(14) Die Ausnahme für Stromrückgewinnungs-Stromkreise ist berechtigt und notwendig im Hinblick auf die einfache Umkehr des Stromverlaufes, wodurch der selbsttätige Schalter bzw. die Sicherung im Hauptstromkreis verbleibt. Hierdurch würde allerdings eine Gefährdung des Bremsvorganges eintreten können, wenn nicht, wie das allgemein üblich ist, außer der Bremsung durch Stromrückgewinnung auch die gewöhnliche elektrische Bremsung möglich wäre.

l) Die Bemessung der Leitungsquerschnitte in den Fahrzeugen erfolgt im allgemeinen nach § 20 (15).

4. Der geringstzulässige Querschnitt ist 1 mm² (16).

5. Jede Leitung des Fahrstromkreises soll für ihre mittlere Stromstärke (zeitlicher quadratischer Mittelwert) so bemessen werden, daß hierbei die in Spalte 2 der Tafel in § 20 zugelassenen Stromwerte nicht überschritten werden.

(15) Obwohl Bahnmotoren ihrer Natur nach unter § 20 Spalte 4 „Aussetzende Betriebe" fallen würden, empfiehlt es sich nicht, die in Spalte 2 angegebenen Werte zu überschreiten, ebenfalls mehr aus dem Grunde der möglichst hohen Betriebssicherheit und da die Mehrzahl der Leitungen der Sicherungen entbehrt.

Die Konstruktion der Leitungen hat nach

a) Vorschriften für isolierte Leitungen in Starkstromanlagen. Gültig ab 1. April 1926.

b) Normen für umhüllte Leitungen in Starkstromanlagen. Gültig ab 1. Oktober 1924

zu erfolgen.

Die letztere Vorschrift kommt weniger und nur bei erforderlichem Feuchtigkeitsschutz in Frage.

Wenn es nicht vorgezogen wird, auch bei Straßenbahnen mit 600 V Spezialgummiaderleitungen für 2000 V NSGA zu verwenden, so bedarf es dauernder Prüfung der zu verwendenden Leitungen nach II 1a letzter Absatz der ersteren Vorschrift. Danach müssen die Leitungen nach 24stündigem Liegen in Wasser von nicht mehr als 25° während einer halben Stunde einer Wechselspannung von 2000 V oder einer Gleichstromspannung von 2800 V widerstehen. Besondere Beachtung verdienen die in ersterer Vorschrift aufgeführten Gummischlauchleitungen, die sich für ortsveränderliche Anschlüsse bestens bewährt haben. In Frage würden die Typen NSH und NHSGK kommen. Diese Leitungen eignen sich nicht nur für ortsveränderliche Anschlüsse, bei Bahnen also Licht- und Bremskupplungsleitungen, Motoranschlüsse u. dgl., sondern auch zur Verlegung in Holzschellen, vor allem bei kurzen Biegungen ihrer Geschmeidigkeit wegen. Die Gummischlauchleitungen sollen nicht auf Zug beansprucht werden, da sonst innere Zerstörungen ohne äußere Kennzeichen infolge der Beanspruchung der dünnen Kupferdrähte auftreten. Ferner sollen die Anschlüsse der Gummischlauchleitungen sorgfältig und ohne Anschneiden der dünnen Kupferdrähte erfolgen. Die Abisolation darf daher nicht durch ringförmiges Anschneiden der Leitung geschehen.

(16) Obwohl z. B. Lichtstromkreise meist mit geringen Stromstärken arbeiten, die kleinere Querschnitte als 1 mm² zulassen würden, sollen diese kleineren Querschnitte aus Festigkeitsgründen nicht verwendet werden. Wie bereits erwähnt, wird ab 1928 nach den allgemeinen Vorschriften der Mindestquerschnitt für festverlegte Leitungen 1,5 mm², für Leitungen in Beleuchtungskörpern 0,75 mm² betragen. Auf diese Querschnitte wird man sich schon jetzt einstellen müssen.

m) Nebeneinander verlaufende isolierte Fahrstromleitungen müssen entweder zu Mehrfachleitungen mit einer gemeinsamen wasserdichten Schutz-

hülle zusammengefaßt werden derart, daß ein Verschieben und Reiben der Einzelleitungen vermieden wird (dabei ist die Isolierhülle an den Austrittsstellen von Leitungen gegen Wasser abzudichten), oder die Leitungen sind getrennt zu verlegen und, wenn sie Wände oder Fußböden durchsetzen, durch Isoliermittel so zu schützen, daß sie sich an diesen Stellen nicht durchscheuern können (17).

(17) Über die zweckmäßigste Art der Leitungsanordnung haben die Ansichten im Laufe der Zeit stark gewechselt. Der Hauptwert ist darauf zu legen, daß ein Arbeiten der Leitungen gegeneinander und zur Wagenkonstruktion unter allen Umständen vermieden wird. Ferner ist darauf Rücksicht zu nehmen, daß dem Eindringen von Feuchtigkeit in geeigneter Weise vorgebeugt wird. Daher soll die Isolation der Leitungen die denkbar widerstandsfähigste sein und es soll ferner an den Spleißstellen, Kabelschuhen usw. für gute Isolierung gesorgt werden, die unbedingt der Leitungsisolation entsprechen muß.

Die Regel unter Absatz n) soll auch für den Absatz m) Geltung haben.

n) *Bei Bahnen, bei denen die Fahrgäste auf der Strecke gefahrlos ins Freie gelangen können, dürfen in den Wagen isolierte Leitungen unmittelbar auf Holz verlegt und Holzleisten zu deren Verkleidung benutzt werden.*

6. *Zweckmäßig ist die Einzelverlegung der Leitungen in Kabelschellen, die die getrennte Lage der Leitungen sichern.*

o) *Die Hauptleitung des Fahrstromkreises muß durch Abschmelzsicherung oder Selbstschalter geschützt sein (18). Die Schutzvorrichtung muß so bemessen oder eingestellt werden, daß bei Kurzschluß der Stromkreis abgeschaltet, daß er jedoch bei den höchsten betriebsmäßig auftretenden Belastungen nicht unterbrochen wird (19).*

7. *Im Fahrstromkreis soll die Nennstromstärke der Schmelzsicherung höchstens das 1,5 fache, die Auslösestromstärke des Selbstschalters höchstens das 3 fache der nach Spalte 4 der Tafel in § 20 für die Hauptleitung zugelassenen Stromwerte betragen (20).*

(18) An sich genügt also entweder ein Selbstschalter oder eine Abschmelzsicherung. Bei Straßenbahnwagen normaler Bauart wird die Ausführung meist so gewählt, daß von den beiden Hauptschaltern, von denen je einer auf jeder Plattform angeordnet wird, einer als Selbstschalter ausgebildet ist. Vielfach findet man auch, daß beide Hauptschalter Selbstschalter sind, was bei geeigneter Wahl dieser Selbstschalter den Vorteil der Reserve beim Festsetzen eines Selbstschalters hat. Zulässig ist naturgemäß auch die Verwendung einer Abschmelzsicherung allein oder hintereinander mit einem Selbstschalter. Bei der Auswahl der Sicherung ist jedoch die Forderung zu beachten, daß bei der höchsten betriebsmäßig auftretenden Belastung der Stromkreise nicht unterbrochen wird.

(19) Die höchste betriebsmäßig auftretende Belastung wird sich nach den jeweiligen Streckenverhältnissen richten. Daß hierbei ein selbsttätiges Ausschalten des Fahrstromes nicht eintreten soll, ist an sich selbstverständlich. Ebenso selbstverständlich ist aber auch die dementsprechende Wahl der Motorleistung. Entgegen den allgemeinen Vorschriften ist nun zwar ein Schutz gegen Überlastung nicht vorgeschrieben, er kann selbstverständ

lich nach der Regel 7, Erläuterung 21 vorgenommen werden. Dabei ist aber zu bemerken, daß ein wirksamer Motorschutz bei der üblichen Anordnung von 2 Motoren kaum oder nur mit umständlichen Mitteln erreicht werden kann. (Reihen= und Parallelschaltung.) Vorgeschrieben ist daher nur ein Schutz gegen Kurzschluß, während die ausreichende Bemessung der Motoren vor schädlichen Erwärmungen schützen soll.

(20) Diese Regel soll besagen, daß selbstverständlich auch die Fahrstrom= leitungen geschützt werden müssen, und zwar diese gegen Überlastungen. Dabei muß rückwärts natürlich eine Übereinstimmung des zu wählenden Leitungsquerschnittes mit der Forderung in § 360 herbeigeführt werden.

p) Bremskuppelungen müssen durch geeignete Vorrichtungen so gesichert werden, daß, abgesehen von Zugtrennungen, ein Herausfallen der Kabel vermieden wird (21).

(21) Auch diese Vorschrift dient der Erhaltung der Betriebssicherheit und ist besonders erforderlich bei dem vielfach noch verwendeten zweipoligen Bremssystem, da beim Herausfallen einer Bremskupplung die gesamte Bremswirkung des Zuges ausgeschaltet wird. Das einpolige Brems= system zeigt diesen Nachteil nicht, sondern es wird mindestens die Brems= wirkung des Motorwagens aufrecht erhalten, letzteres System ist in= zwischen bei vielen und großen Straßenbahnen zur vollen Zufriedenheit durchgeführt, es bietet den Vorteil, daß die Zahl der zur Bremsung erforderlichen Kontakte auf etwa ⅓ zurückgeführt werden konnte.

Eine geeignete Vorrichtung gegen das Herausfallen der Brems= kupplung ist z. B. der übliche Überwurf der Bremskupplungsdose.

Man sollte im übrigen die früher meist üblichen losen Bremskabel vermeiden, da es sehr schwer ist, dieselben dauernd betriebssicher zu er= halten, infolge der Behandlung durch das Personal. Den Vorzug ver= dienen unbedingt die am Wagen befestigten Bremskabel. Dasselbe gilt allerdings auch für das Lichtkabel.

II. Betriebsvorschriften.

§ 37.

Zustand der Anlagen.

a) Die elektrischen Anlagen sind den vorstehenden „Bauvorschriften" entsprechend in ordnungsmäßigem Zustande zu erhalten. Hervortretende Mängel sind in angemessener Frist zu beseitigen. In Anlagen, die vor dem 1. Januar 1926 errichtet sind, müssen erhebliche Mißstände, die das Leben oder die Gesundheit von Personen gefährden, beseitigt werden. Jede Än= derung einer solchen Anlage ist, soweit es die technischen und Betriebs= verhältnisse gestatten, den geltenden Vorschriften gemäß auszuführen (1).

(1) Im wesentlichen grundlegend für diese Vorschriften sind die Unfall= verhütungsvorschriften der Berufsgenossenschaft, auf die an dieser Stelle verwiesen werden kann.

b) Leicht entzündliche Gegenstände dürfen nicht in gefährlicher Nähe ungekapselter elektrischer Maschinen und Apparate sowie offen verlegter spannungsführender Leitungen gelagert werden (2).

(2) Vgl. § 6a dieser Vorschriften und die hierzu ebenfalls geltenden Erläuterungen von Dr. C. L. Weber.

c) Schutzvorrichtungen und Schutzmittel jeder Art müssen in brauchbarem Zustande erhalten werden.

1. Als Schutzmittel gelten gegen die herrschende Spannung isolierende, einen sicheren Stand bietende Unterlagen, Erdungen, Abdeckungen, Gummischuhe, Werkzeuge mit Schutzisolierung, Schutzbrillen und ähnliche Hilfsmittel.

Gummihandschuhe sind als Schutz gegen Hochspannung unzuverlässig, daher in Hochspannungsanlagen verboten (3).

2. Der Zugang zu Maschinen, Schalt- und Verteilungsanlagen soll soweit freigehalten werden, als es ihre Bedienung erfordert.

3. Maschinen und Apparate sollen in gutem Zustande erhalten und in angemessenen Zwischenräumen gereinigt werden.

(3) Gummihandschuhe werden ihrer geringen Haltbarkeit wegen ganz allgemein nicht mehr als genügender Schutz anerkannt.

§ 38.
Warnungstafeln, Vorschriften und schematische Darstellungen.

a) *In Hochspannungsbetrieben müssen Tafeln, die vor unnötiger Berührung von Teilen der elektrischen Anlage warnen, an geeigneten Stellen, insbesondere bei elektrischen Betriebsräumen und abgeschlossenen elektrischen Betriebsräumen angebracht sein (1). Warnungstafeln für Hochspannung sind mit Blitzpfeil zu versehen (2). Bei Niederspannung sind Warnungstafeln nur an gefährlichen Stellen erforderlich.*

(1) Die Warnungstafeln sollen den „Normen für häufig gebrauchte Warnungstafeln", siehe ETZ 1910, S. 414 u. 421, entsprechen.

(2) Der Blitzpfeil soll nicht unnötig verwendet werden, um seine Wirkung nicht abzuschwächen. Vgl. auch Erläuterung 19 zu § 34m.

b) In jedem elektrischen Betriebe (3) sind diese Betriebsvorschriften und eine „Anleitung zur ersten Hilfeleistung bei Unfällen im elektrischen Betriebe" (4) anzubringen. Für einzelne Teilbetriebe genügen gegebenenfalls zweckentsprechende Auszüge aus den Betriebsvorschriften.

(3) Hierunter fallen nur Stromerzeugungs- und Umformungsanlagen.

(4) Gemeint ist die seit 1. Juli 1907 gültige Anleitung, die unter Mitwirkung des Reichsgesundheitsrates aufgestellt ist. Ein Muster ist in den allgemeinen Erläuterungen von Dr. C. L. Weber enthalten, so daß der Abdruck hier unterbleiben konnte. Auch die dauernde Bekanntgabe der Unfallverhütungsvorschriften der Berufsgenossenschaft ist unerläßlich.

c) In jedem elektrischen Betriebe muß eine schematische Darstellung der elektrischen Anlage vorhanden sein.

1. Es empfiehlt sich, an wichtigen Schaltstellen und in Transformatorenstationen, *insbesondere bei Hochspannung,* ein Teilschema, aus dem die Abschaltbarkeit hervorgeht, anzubringen.

2. Das kleinste Format für Warnungstafeln soll 15 × 10 cm sein.

3. Warnungstafeln, Betriebsvorschriften und schematische Darstellungen sollen in leserlichem Zustande erhalten werden. Wesentliche Änderungen und Erweiterungen sollen in den schematischen Darstellungen nachgetragen werden.

4. Für die Anfertigung der schematischen Darstellungen sind die „Schaltzeichen und Schaltbilder für Starkstromanlagen" nach DIN VDE 710 bis 717 sowie das Muster eines Gesamtschaltplanes nach DIN VDE 719 zugrunde zu legen.

„Kennfarben für blanke Leitungen in Starkstrom-Schaltanlagen" sind nach DIN VDE 705 zu wählen.

§ 39.

Allgemeine Pflichten der im Betriebe Beschäftigten.

Jeder im Betriebe Beschäftigte hat:

a) Von den durch Anschlag bekanntgegebenen, sowie von den zur Einsichtnahme bereit liegenden, ihn betreffenden Betriebsvorschriften Kenntnis zu nehmen und ihnen nachzukommen (1).

(1) Auf eine sachgemäße dauernde Unterweisung der Beschäftigten in den Sonderheiten ihres Dienstes ist die größte Sorgfalt zu verwenden. Hierzu verpflichtet an sich schon die dem Betriebsleiter durch die Aufsichtsbehörde bzw. das Gesetz auferlegte Verantwortung.

b) Bei Vorkommnissen, die eine Gefahr für Personen oder für die Anlagen zur Folge haben können, geeignete Maßnahmen zu treffen, um die Gefahr einzuschränken oder zu beseitigen. Dem Vorgesetzten ist baldmöglichst Anzeige zu erstatten (2).

1. *Arbeiten im Hochspannungsbetriebe sollen nur mit besonderer Vorsicht unter sorgfältiger Beachtung der Betriebsvorschriften und unter Benutzung der gebotenen Schutzmittel ausgeführt werden. Die mit den Arbeiten Betrauten sollen sorgfältig unterwiesen werden, insbesondere dahin, daß sie nichts unternehmen oder berühren dürfen, ohne sich über die dabei vorhandene Gefahr Rechenschaft zu geben und die gebotenen Gegenmaßregeln anzuwenden (3).*

2. Bei Unfällen von Personen ist nach der „Anleitung zur ersten Hilfeleistung bei Unfällen im elektrischen Betriebe" zu verfahren (4).

3. Bei Brandgefahr sind nach Möglichkeit die „Leitsätze für die Bekämpfung von Bränden in elektrischen Anlagen und in deren Nähe" zu befolgen (5).

(2) Das bei Bahnbetrieben unbedingt erforderliche Meldewesen, das dem gesamten Personal durch die Bau- und Betriebsvorschriften und durch die Dienstanweisung vorgeschrieben ist, entspricht dieser Vorschrift.

(3) Man wird hier unterscheiden müssen zwischen den verschiedenen Formen des Hochspannungsbetriebes. Obwohl naturgemäß auch z. B. bei Gleichstrom von 600 V die gebotene Vorsicht nicht außer Acht zu lassen ist, soll besonders auf die Gefahren des hochgespannten Wechselstromes verwiesen und durch dauernde Unterweisung des Personals die sonst zu befürchtende Gleichgültigkeit vermieden werden. Den besonderen Anforderungen des Bahnbetriebes wird Rechnung getragen durch den § 49 für Arbeiten an und unter Spannung stehenden Fahr- und Speiseleitungen in Verbindung mit § 43 d.

(4) Siehe Anm. 4 zu § 38.

(5) Die genannten Leitsätze sind am 1. Januar 1926 in Kraft getreten, sie sind an sich zugeschnitten auf Elektrizitätswerke usw., gelten also ohne weiteres auch für die Stromerzeugungswerke u. dgl. der Bahnen. Aber auch für Wagenbrände lassen sich die Leitsätze sinngemäß ausnützen. Eine entsprechende Belehrung des Personals ist an Hand dieser Leitsätze notwendig. Die Leitsätze nebst Erläuterungen von Dr. C. L. Weber enthalten. Eine spätere Umarbeitung für Bahnbetriebe erscheint wünschenswert.

§ 40.
Bedienung elektrischer Anlagen.

a) Jede unnötige Berührung von Leitungen, sowie ungeschützter Teile von Maschinen, Apparaten und Lampen ist verboten (1).

(1) Das gilt besonders für die Anschlußnehmer, aber auch für das nicht besonders geschulte Personal und die Fahrgäste.

b) Die Bedienung von Schaltern, das Auswechseln von Sicherungen und die betriebsmäßige Bedienung von Maschinen, Akkumulatoren, Apparaten, Lampen ist nur den damit beauftragten Personen gestattet, wenn erforderlich, unter Benutzung von Schutzmitteln (2).

1. Sicherungen und Unterbrechungsstücke bei Hochspannung sollen, wenn die Apparate nicht so gebaut oder angeordnet sind, daß man sie ohne weiteres gefahrlos handhaben kann, nur unter Benutzung isolierender oder anderer geeigneter Schutzmittel betätigt werden (3).

(2) Schutzmittel siehe § 37 u. 1.

(3) Es kommt hier nicht die normale Betriebsspannung bei Straßenbahnen als Hochspannung in Frage bzw. gewährleistet z. B. die ordnungsgemäße Konstruktion und Anbringung von Sicherungen in den Straßenbahnwagen bei der nötigen Vorsicht eine gefahrlose Bedienung.

Das Nachsehen irgendwelcher elektrischer Einrichtungen an den Wagen geschieht immer am gefahrlosesten, nachdem der Stromabnehmer abgezogen ist. An zweckmäßigen Belehrungen des Personals darf es in dieser Beziehung nicht fehlen.

c) Reinigungs-, Wartungs- und Instandsetzungsarbeiten dürfen nur durch damit beauftragte und mit den Arbeiten vertraute Personen oder unter deren Aufsicht durch Hilfsarbeiter ausgeführt werden. Die Arbeiten sind, wenn möglich, in spannungsfreiem Zustande, d. h. nach allpoliger Abschaltung der Stromzuführungen unter Berücksichtigung der in §§ 41 und 42 und, wenn unter Spannung gearbeitet werden muß, unter Berücksichtigung der in §§ 43 und 44 gegebenen Sonderbestimmungen vorzunehmen (4).

(4) Siehe Anm. 3.

d) Die Schlüssel zu den abgeschlossenen elektrischen Betriebsräumen sind von den dazu Berufenen unter sicherer Verwahrung zu halten (5).

(5) Zweckmäßig ist die Aufbewahrung der Schlüssel hinter einer plombierten Glasscheibe.

e) Abgeschlossene elektrische Betriebsräume, die den Anforderungen des § 29 der Bauvorschriften nicht entsprechen, dürfen nur betreten werden, nachdem alle Teile spannungslos gemacht sind.

2. Besonders ist darauf zu achten, daß der spannungsfreie Zustand nicht immer durch Herausnahme von Schaltern u. dgl. allein gewährleistet ist, da noch Verbindungen durch Meßschaltungen, Ring- und Doppelleitungen usw. bestehen können, oder eine Rücktransformierung, Induktion, Kapazität usw. vorhanden sein kann (6).

(6) Dies würde in Frage kommen z. B. bei den z. Z. üblichen Ankerprüfeinrichtungen u. dgl. Die abgeschlossenen Führerstände von Triebwagen gelten selbstverständlich nicht als abgeschlossene elektrische Betriebsräume, genießen daher auch nicht die Milderungen des § 29.

§ 41.

Maßnahmen zur Herstellung und Sicherung des spannungsfreien Zustandes.

a) Ist die Abschaltung des Teiles der Anlage, an dem gearbeitet werden soll, und der in unmittelbarer Nähe der Arbeitsstelle befindlichen Teile nicht unbedingt sichergestellt, so muß zwischen Schalt- und Arbeitsstelle eine Kurzschließung und Erdung, an der Arbeitsstelle außerdem eine Kurzschließung und behelfsmäßige Verbindung mit der Erde zur Ableitung von Induktionsströmen vorgenommen werden (1).

Bei Hochspannung muß zwischen Arbeit und Trennstelle, Erdung und Kurzschließung vorgenommen werden, nachdem sich der Arbeitende überzeugt hat, daß dieses ohne Gefahr geschehen kann (2).

Für die Dauer der Arbeit ist an der Schaltstelle ein Schild oder dgl. anzubringen mit dem Hinweise, daß an dem zugehörenden Teil der elektrischen Anlage gearbeitet wird (3).

1. Auch bei Niederspannung empfiehlt es sich, bei Schaltern, Trennstücken u. dgl. die einen Arbeitspunkt spannungsfrei machen sollen, für die Dauer der Arbeit ein Schild oder dgl. anzubringen mit dem Hinweise, daß an dem zugehörenden Teil der elektrischen Anlage gearbeitet wird.

2. Zur Erdung und Kurzschließung sollen Leitungen unter 10 mm² nicht verwendet werden (4).

3. Erdungen und Kurzschließungen sollen auch bei Niederspannung erst vorgenommen werden, wenn es ohne Gefahr geschehen kann.

4. Zum Nachweise, daß die Arbeitsstelle spannungsfrei ist, können dienen: Spannungsprüfungen, Kennzeichnung der beiderseitigen Leitungsenden, Einsicht in schematische Übersichts- oder Leitungsnetzpläne mit oder ohne Angabe der erforderlichen Reihenfolge der Schaltungen, die entweder an den Schaltstellen vorhanden sein oder dem Schaltenden mitgegeben werden können, wenn er nicht durch mündliche Anweisung oder in anderer Weise über die Anlage genau unterrichtet ist.

(1) Die Kurzschließungen und Erdungen bezwecken, dem Personal ein Berühren der betreffenden Leiterteile ohne Gefährdung zu ermöglichen. Die Kurzschließung soll u. a. bewirken, daß bei irrtümlichem Einschalten derjenigen Leiterteile, an welchen gearbeitet wird, die zugehörigen Sicherungen die Leitung automatisch abschalten. Da hierbei jedoch bei normalen Niederspannungsanlagen eine Leitung (ein Pol) angeschlossen bleibt und letztere somit die Spannung gegen Erde behalten

kann, so ist die zu behandelnde Leitung außerdem noch zu erden. Diese Erdungsverbindung ist so herzustellen, daß sie genügend Leitfähigkeit besitzt.

(2) Bei Hochspannung muß das Erden und Kurzschließen zwischen Arbeits- und Trennstelle stets erfolgen, bei Niederspannung ist dies nur für den Fall vorgeschrieben, daß über die Abschaltung der Teile Unsicherheit besteht. Läßt sich nicht mit Bestimmtheit entscheiden, ob das Erden und Kurzschließen gefahrlos möglich ist, so ist nach § 43 (Arbeiten unter Spannung) zu verfahren. Dieser Fall wird besonders dann eintreten, wenn die Speiseverhältnisse in einem großstädtischen Netz ein Kurzschließen bzw. Erden der Oberleitung nur unter Beeinträchtigung des Betriebes gestatten würden. Es ist besonders auch das zum § 34 unter Stromrückgewinnung Gesagte zu beachten. Überhaupt kann der Standpunkt vertreten werden, daß die Erdung der Oberleitung bei Straßenbahnen möglichst vermieden werden sollte. Das gilt besonders für die früher vielfach übliche Erdung des Fahrdrahtes durch die Feuerwehr, wodurch bei nicht sachgemäßer Herstellung des Erdschlusses nur größere Gefahren heraufbeschworen werden.

(3) Diese Bestimmung bezieht sich nur auf das Arbeiten an Hochspannungsanlagen allgemeiner Art, nicht aber für das Arbeiten an der Straßenbahn-Oberleitung. Hier würden solche Schilder ihren Zweck nicht erfüllen und man muß sich damit helfen, daß, falls nicht das Arbeiten unter Spannung und überhaupt als gefahrlos angesehen werden kann, an geeigneten Stellen Posten aufgestellt werden.

(4) Die zum Erden der Oberleitung benutzten Hilfsmittel sollen zunächst mit der Erde, d. h. mit der Schiene verbunden werden, dann kann erst die Verbindung mit dem Fahrdraht erfolgen. Beim Aufheben des Kurzschlusses ist in umgekehrter Reihenfolge zu verfahren.

Besonderer Wert ist darauf zu legen, daß die Verbindung mit der Schiene in genügend sicherer und haltbarer Weise geschieht.

b) Die Vereinigung eines Zeitpunktes, zu dem eine Anlage spannungsfrei gemacht werden soll, genügt nicht, es sei denn, daß es sich um regelmäßige Betriebspausen handelt (5).

(5) Als regelmäßige Betriebspausen ist z. B. die Nachtruhe des Bahnbetriebes anzusehen.

§ 42.

Maßnahmen bei Unterspannungssetzung der Anlage.

a) Waren zur Vornahme von Arbeiten Betriebsmittel spannungsfrei, so darf die Einschaltung erst dann erfolgen, wenn das Personal von der beabsichtigten Einschaltung verständigt worden ist.

b) Vor der Einschaltung sind alle Schaltungen und Verbindungen ordnungsgemäß herzustellen und keine Verbindungen zu belassen, durch die ein Übertreten der Spannung in außer Betrieb befindliche Teile herbeigeführt werden kann.

c) Die Vereinbarung von Zeitpunkten, zwischen denen die Anlage spannungsfrei sein oder bleiben soll, genügt nicht, es sei denn, daß es sich um regelmäßige Betriebspausen handelt (1).

> 1. Die Verständigung mit der Arbeitsstelle durch Fernsprecher ist zulässig, jedoch nur mit Rückmeldung durch den mit der Leitung der Arbeiten Beauftragten.
> 2. Bei Aufhebung von Kurzschließungen soll die Erdverbindung zuletzt beseitigt werden.

(1) Es ist an sich selbstverständlich, daß derjenige Angestellte, der die betreffenden Arbeiten leitet, mit der nötigen Sorgfalt vorgeht, um ein vorzeitiges Unterspannungsetzen zu vermeiden.

Diejenigen Arbeiten, die sich mit der normalen Instandhaltung der elektrischen Anlagen beschäftigen, fallen nicht unter diese Vorschrift, sondern unter § 40. Obige Vorschrift bezieht sich nur auf solche Arbeiten, bei denen ein Eingriff in die vorhandenen Anlagen erfolgt, wo z. B. Leitungsverbindungen verändert werden u. dgl.

<h3 style="text-align:center">§ 43.
Arbeiten unter Spannung.</h3>

a) Arbeiten unter Spannung sind nur durch besonders damit beauftragte und mit der Gefahr vertraute Personen auszuführen. Zweckentsprechende Schutzmittel sind bereitzustellen und zu benutzen; sie sind vor Gebrauch nachzusehen (siehe §§ 37c und 37[1]) (1).

(1) Es handelt sich hier nicht etwa um Arbeiten am Fahrdraht oder der Speiseleitung, wenn diese mit der normalen Straßenbahnspannung, also mit Hochspannung betrieben werden. Hierfür gilt vielmehr der § 49 in Verbindung mit § 43 Absatz d.

b) Arbeiten unter Spannung sind gestattet, wenn es aus Betriebsrücksichten nicht zulässig ist, die Teile der Anlage, an denen selbst oder in deren unmittelbarer Nähe gearbeitet werden soll, spannungsfrei zu machen oder, wenn die geforderte Erdung und Kurzschließung an der Arbeitsstelle nicht vorgenommen werden kann (2).

(2) Es wird besonders auf § 41 Erläuterungen (2) hingewiesen.

c) Arbeiten müssen unter den für Arbeiten unter Spannung vorgeschriebenen Vorsichtsmaßregeln auch dann ausgeführt werden, wenn zwar ein Abschalten Erden und Kurzschließen erfolgt ist, aber noch Unsicherheit darüber besteht, ob die Teile, an denen gearbeitet werden soll, wirklich mit den abgeschalteten oder geerdeten und kurzgeschlossenen Teilen übereinstimmen.

d) *Bei Hochspannung dürfen Arbeiten unter Spannung nur in Notfällen und nur in Gegenwart einer geeigneten und unterwiesenen Person sowie unter Beachtung geeigneter Vorsichtsmaßnahmen ausgeführt werden (Ausnahmen siehe §§ 45a, 46, 49 und 50c) (3).*

(3) Wie in dem vorhergehenden Paragraphen bereits mehrfach erwähnt, können normale Straßenbahn=Oberleitungen nicht als Hochspannungsanlagen im Sinne dieser Vorschriften angesehen werden. Die Vor=

schrift d) bezieht sich vielmehr in der Hauptsache auf Kraft- und Umformerwerke. Für das Arbeiten an unter Spannung stehenden Fahr- und Speiseleitungen, die mit Hochspannung betrieben werden, ist die Ausnahme in § 49 geschaffen.

§ 44.

Arbeiten in der Nähe von Hochspannung führenden Teilen.

a) Bei allen Arbeiten in der Nähe von Hochspannung führenden Teilen hat der Arbeitende darauf zu achten, daß er keinen Körperteil oder Gegenstand mit der Hochspannung in Berührung bringt. Da bei Arbeiten in Reichnähe von Hochspannung führenden Teilen die Aufmerksamkeit des Arbeitenden von der gefährlichen Stelle abgelenkt wird, so ist die Gefahrzone durch Schranken abzusperren oder es sind die gefährlichen Teile durch Isolierstoffe der zufälligen Berührung zu entziehen.

Bei allen Arbeiten in der Nähe von Hochspannung ist für einen festen Standpunkt Sorge zu tragen (1).

(1) Dieser Fall könnte eintreten, wenn die Zuleitung hochgespannten Drehstromes zu dem Umformerwerk etwa an dem gleichen Gestänge verlegt sein sollte, wie die Speiseleitung usw. In diesem Falle ist naturgemäß besondere Sorgfalt dringend geboten.

§ 45.

Zusatzbestimmungen für Akkumulatorenräume (1).

a) *Bei Akkumulatoren sind entgegen § 43d Arbeiten unter Spannung bei Beobachtung der geeigneten Vorsichtsmaßnahmen gestattet. Eine Aufsichtsperson ist nur bei Spannungen über 750 V erforderlich.*

(1) In Akkumulatorenräumen, in denen sich Bleisalze und Schwefelsäure befinden und woselbst zu Ende der Ladung Knallgasentwicklung auftritt, sollen die Vorsichtsmaßregeln sich richten: einmal auf die Verhütung von Explosionen infolge Entzündung des Knallgases (Lüftung und Vermeidung offener Flammen), ferner auf dauernden Schutz der Gebäudeteile vor der zerstörenden Einwirkung der Säure und schließlich auf Bewahrung des Personals vor gesundheitsschädlichen Einflüssen der Säure und Bleisalze.

b) Akkumulatorenräume müssen während der Ladung gelüftet werden (2).

(2) Die Explosionsgefahr ist erfahrungsgemäß gering; da das erzeugte Gas, das nur während des letzten Teiles der Ladeperiode sich bildet, sehr leicht ist und daher aus offenen Fenstern und Abzugskanälen, wie Schornsteinen, schnell abzieht. Eine intensive künstliche Lüftung hat den Nachteil, daß die mit Säure geschwängerte Luft in die weitere Nachbarschaft getrieben wird und hier durch Ablagerung der Säure zerstörende Wirkungen und Belästigungen ausübt.

Beim Ausführen von Lötarbeiten in Akkumulatorenräumen während der Ladung haben die Akkumulatorenfabriken bisher lediglich für mäßigen Durchzug durch Öffnen von Türen und Fenster Sorge getragen, was vollkommen genügt hat, um Explosionen auszuschließen.

c) Offene Flammen und glühende Körper dürfen während der Über-
ladung nicht benutzt werden.

1. Die Gebäudeteile und Betriebsmittel einschließlich der Leitungen sowie die
isolierenden Bedienungsgänge sollen vor schädlicher Einwirkung der Säure nach Möglichkeit geschützt werden (3), (4).
2. Die Akkumulatorenwärter sollen zur Reinlichkeit angehalten und auf die Gefahren, die Säure und Bleisalze mit sich bringen können, aufmerksam gemacht werden.
Für ausreichende Wascheinrichtungen und Waschmittel soll Sorge getragen werden (5).
3. Essen, Trinken und Rauchen ist in Akkumulatorenräumen zu vermeiden (6).

(3) Von den Gebäudeteilen sind namentlich die Fußböden der schädlichen Einwirkung der Säure ausgesetzt, da die beim Laden mitgerissenen
Säureteilchen sich an den Elementen, Leitungen und Gehängen nieder-
schlagen und herabtropfen. Die Säure zerstört alsdann bei längerer Einwirkung sowohl gewöhnlichen Asphalt als auch Zement, Stein und Eisen.

Solche Stellen sind tunlichst bald gründlich auszubessern, weil sonst
Eisenträger durchfressen, Mauerwerk zerstört werden kann.

Als bester Schutz des Fußbodens haben sich säurefeste Fließen bewährt.
Zum Schutze der Wände, Decken, Gehänge und Leitungen wählt man
vorwiegend säurebeständige Anstriche, die jedoch nur beschränkte Haltbarkeit besitzen und daher rechtzeitig zu erneuern sind. Kupferleitungen
werden auch dann durch Einfetten mit dickflüssigem säurefreiem Öl oder
Vaseline geschützt.

(4) Beim Nachfüllen der Elemente oder beim Transport verschüttete
Säure soll baldmöglichst unschädlich gemacht werden, z. B. durch Aufsaugen
mit Sägespänen, Sand oder durch Fortspülen oder durch Neutralisieren.

(5) Obgleich im allgemeinen die Akkumulatorenwärter beim Ausüben
ihres Dienstes mit Blei nicht in unmittelbare Berührung kommen sollen
und daher auch diese Räume in gesundheitlicher Beziehung nicht gefährlicher erscheinen als die anderen Betriebsräume, so ist es doch angezeigt,
die Wärter auf die Gefahr, die das Hantieren mit Blei mit sich bringt,
aufmerksam zu machen und Vorbeugungsmittel zur Verhütung der Blei-
krankheiten bereit zu halten. Die Hauptsorge erstreckt sich darauf, zu
verhindern, daß Blei oder Bleisalze in den Körper eindringen, sei es nun
durch die Poren der Haut oder durch Mund und Nase. Gründliches Rein-
halten der Haut durch Waschen (allenfalls durch Zusatz von etwas Schwefel-
leber zum Waschwasser, die das an der Haut haftende Blei in eine unlös-
liche Form überführt), ist oberstes Gesetz für Akkumulatorenwärter.
Gegen die Einwirkung der Säure sind als Schutzmittel zu nennen: Woll-
kleider und Respiratoren.

(6) Hierdurch soll ausgeschlossen werden, daß Blei in den Magen
gelangt und Kolik verursacht.

§ 46.

Zusatzbestimmungen für Arbeiten in explosionsgefährlichen,
durchtränkten und ähnlichen Räumen.

a) In explosionsgefährlichen, durchtränkten und ähnlichen Räumen
sind Arbeiten unter Spannung (siehe § 43 d) verboten.

§ 47.
Zusatzbestimmungen für Arbeiten an Kabeln.

a) *Arbeiten an Hochspannungskabeln, bei denen spannungsführende Teile freigelegt oder berührt werden können, dürfen im allgemeinen nur im spannungsfreien Zustande vorgenommen werden. Solange der spannungsfreie Zustand nicht einwandfrei festgestellt und gesichert ist, sind die Schutzmaßregeln zu treffen, unter denen diese Arbeiten gefahrlos ausgeführt werden können.*

1. Bei Arbeiten an Kabeln und Garniturteilen, insbesondere beim Schneiden von Kabeln und Öffnen von Kabelmuffen, sollen sich die Arbeitenden über die Lage der einzelnen Kabel zunächst vergewissern und alsdann geeignete Schutzvorrichtungen anwenden (1).

Hochspannungskabel sollen vor Beginn der Arbeiten entladen werden.

(1) Bei Arbeiten an Kabeln und Garniturteilen, insbesondere beim Schneiden von Kabeln und Öffnen von Kabelmuffen sollen sich die Arbeitenden über die Lage der einzelnen Kabel zunächst vergewissern und alsdann geeignete Schutzvorrichtungen anwenden.

§ 48.
Zusatzbestimmungen für Arbeiten an Freileitungen (1).

(1) Unter Freileitungen im Sinne dieser Vorschrift sind nur die an besonderem Gestänge verlegten Leitungen zu verstehen, nicht aber die Fahrleitungen und die Speiseleitungen am gleichen Gestänge, wie die Fahrleitung. Hierfür gilt § 49.

a) Arbeiten an Freileitungen einschließlich Bedienung von Sicherungen und Trennstücken sollen möglichst, *besonders bei Hochspannung*, nur in spannungsfreiem Zustande geschehen unter Berücksichtigung der in §§ 41 und 42 und, wenn unter Spannung gearbeitet werden muß, unter Berücksichtigung der in §§ 43 und 44 gegebenen Bestimmungen.

b) *Arbeiten an den Hochspannung führenden Leitungen selbst sind verboten (2). Bei Arbeiten an spannungsfreien Hochspannungsleitungen sind die Leitungen an der Arbeitsstelle kurzzuschließen und nach Möglichkeit zu erden (3).*

(2) Hier gelten die Ausnahmebestimmungen, die unter § 43 genannt sind. Es wird ferner auf § 49 verwiesen. Bei Drehstromhochspannungsleitungen u. dgl. ist nach den allgemeinen Vorschriften zu verfahren, d. h. die Leitungen sind spannungsfrei zu machen. Es ist auch nicht erlaubt, Isolatoren der Hochspannung führenden Freileitung unter Spannung auszuwechseln.

(3) Auch diese Bestimmung bezieht sich nur auf Drehstromhochspannungsleitungen u. dgl. Das Kurzschließen und Erden ist unerläßlich, weil auch in abgetrennten Leitungen durch Induktion, durch fehlerhafte Isolation oder anderweitigen Stromübergang Hochspannung auftreten kann.

c) Arbeiten an Niederspannungs- und Fernmeldeleitungen in gefährlicher Nähe von Hochspannungsleitungen sind nur gestattet, wenn die Hochspannungsleitungen geerdet und kurz geschlossen oder sonstige ausreichende Schutzmaßregeln getroffen sind (4).

Hierbei ist nicht nur auf die Gefahr einer Berührung der Leitungen, sondern auch auf die durch Induktion in der Niederspannungs- oder Fernmeldeleitungen möglichen Spannungen Rücksicht zu nehmen (siehe auch § 22i der Bauvorschriften) (5).

> 1. Die Bedienung von Sicherungen und Trennstücken in nicht spannungsfreien Freileitungen soll, wenn erforderlich, durch isolierende Werkzeuge oder Schaltstangen erfolgen.
>
> 2. Arbeiten auf Masten, Dächern usw. sollen nur durch schwindelfreie Personen, die mit festsitzendem Schuhwerk und mit Sicherheitsgürtel ausgerüstet sind, vorgenommen werden.

(4) Bei solchen Arbeiten ist die größte Vorsicht geboten, weil durch lose, oft unerwartet zerrissene und abgesprungene Drähte eine Berührung mit der benachbarten Hochspannungsleitung eintreten kann. Diese Vorsicht bezieht sich auch auf die Näherungen der Schwachstromleitungen an die Straßenbahn-Oberleitungen.

(5) Daß in Fernsprechleitungen, die mit Hochspannungsleitungen am selben Gestänge geführt wird, unerwartet hohe Spannungen auftreten können, ist von Schrottke, ETZ 1907, S. 685 und 707 und Jäger, ETZ 1924, S. 417, nachgewiesen.

Diese rühren nicht etwa nur von übergesickerten Ladungen her, sondern beruhen der Hauptsache nach auf Induktion und statischer Aufladung. Ein wirksames Hilfsmittel ist das Führen der Fernsprechleitungen in einem Kabel, das am Hochspannungsgehänge aufgehängt wird. Ist dies zu teuer, so begegnet man der Induktion durch Verdrillen der Sprechleitungen und besondere Ausgleichstreifen. Statische Ladungen lassen sich durch Erdschlußspulen abführen, die bei richtiger Bemessung und Schaltung die Streckströme nicht merklich schwächen.

Sind derartige Hilfsmittel nicht in sicher wirksamem Maße benutzt, so hat man die Berührung der Fernsprechleitungen ebenso zu vermeiden wie die der Leitung für Hochspannung. Namentlich ist sie nach § 22b und Regel 2 in ausreichender Höhe anzubringen. Ihre Berührung mit anderen, insbesondere mit Niederspannungsleitungen ist auszuschließen. Gegen die Gefahren eines Stromüberganges durch den Drahtbruch sind die Fernsprechstellen durch Spannungsableiter, Grob- und Feinsicherungen, hoch isolierten Schutztransformatoren und Erdung der Gehäuse zu sichern.

§ 49.

Zusatzbestimmungen für Arbeiten an Fahr- und Speiseleitungen.

a) *Arbeiten an Fahr- und Speiseleitungen dürfen unter Spannung ausgeführt werden, sofern die erforderlichen Schutzmaßnahmen (siehe § 43d) angewendet werden* (1).

(1) Wie bereits in der Anmerkung zu § 43d näher erläutert, soll hier eine Ausnahmebestimmung geschaffen werden.

Was unter „erforderlichen Schutzmaßnahmen" zu verstehen ist, ist nicht näher gesagt, jedoch geben die Forderungen der Berufsgenossen-

schaft Anhaltspunkte. Auch Abs. 2 der §§ 114 und 176 der Unfallver=
hütungsvorschriften führt aus „dabei müssen ausreichende Vorsichtsmaß=
regeln beobachtet werden". Derartige Arbeiten unter Spannung dürfen
nur mittels eines ausreichend isolierten Turmwagens, der einen guten
Isolationszustand auch bei Regen besitzt, vorgenommen werden, und es
ist ferner nach den bisherigen Erfahrungen erforderlich, daß sich ständig
2 Leute auf der Plattform befinden, besonders wenn der Wagen bewegt
wird. Das Arbeiten mit einer Leiter an einer unter Spannung befindlichen
Leitung sollte sich auf Notfälle beschränken, selbstverständlich muß dann
ein zweiter Mann zur Sicherung am Fuße der Leiter aufgestellt werden.

§ 50.
Zusatzbestimmungen für Arbeiten in Prüffeldern und Labo-
ratorien.

a) Ständige Prüffelder und fliegende Prüfstände sind abzugrenzen,
ihr Betreten durch Unbefugte ist zu verbieten.

b) *Mit Hochspannungsarbeiten in solchen Räumen dürfen nur Personen
betraut werden, die ausreichendes Verständnis für die bei den vorzunehmenden
Arbeiten auftretenden Gefahren besitzen und sich ihrer Verantwortung bewußt sind.*

c) *Die Bestimmungen des § 43d finden auf Arbeiten in Prüffeldern und
Laboratorien keine Anwendung.*

III. Inkrafttreten dieser Vorschriften.

§ 51.

Diese Vorschriften gelten für Anlagen und Erweiterungen, soweit ihre
Ausführung nach dem 1. Januar 1926 beginnt, sowie für den Betrieb von
Bahnanlagen vom 1. Januar 1926 ab.

Bis zum 1. Juli 1926 dürfen noch Fassungen in den Handel gebracht
werden, die den Vorschriften des § 16c nicht entsprechen.

Nachtrag.

Bezüglich der Leitungsfrage, also der Ausführung der isolierten Lei=
tungen, Kabel usw. wird ganz besonders noch auf die „Erläuterungen
zu den Normen für isolierte Leitungen in Starkstromanlagen und Fern=
meldeanlagen, den Normen für umhüllte Leitungen und den Kupfer=
normen" hingewiesen, die von Herrn Dr. Richard Apt verfaßt und in
der zweiten Auflage 1924 bei der Verlagsbuchhandlung Julius Springer,
Berlin, erschienen sind.

Sachverzeichnis.

Wegweiser für die vorschriftsgemäße Ausführung von Starkstromanlagen. Im Einverständnis mit dem Verbande Deutscher Elektrotechniker herausgegeben von Prof. Dr.-Ing. E. h. **G. Dettmar,** Hannover. VI, 302 Seiten. 1927. RM 7.50; gebunden RM 8.75

Erläuterungen zu den Regeln für die Bewertung und Prüfung von elektrischen Maschinen (R. E. M.) und von Transformatoren (R. E. T.), zu den Regeln für die Bewertung und Prüfung von elektrischen BahnMotoren, Maschinen und Transformatoren (R. E. B.) sowie zu den Normalen Anschlußbedingungen und den Normalen Klemmenbezeichnungen. Im Auftrage des Verbandes Deutscher Elektrotechniker herausgegeben von Prof. Dr.-Ing. E. h. **Georg Dettmar,** Hannover. Sechste Auflage. VII, 320 Seiten. 1925. Unveränderter Neudruck. 1926. RM 12.—

Erläuterungen zu den Vorschriften für die Konstruktion und Prüfung von Installationsmaterial, den Vorschriften für die Konstruktion und Prüfung von Schaltapparaten für Spannungen bis einschl. 750 V. und den Normalien über die Abstufung von Stromstärken und über Anschlußbolzen. Im Auftrage des Verbandes Deutscher Elektrotechniker herausgegeben von Prof. Dr.-Ing. E. h. **Georg Dettmar.** Mit 46 Textabbildungen. 202 Seiten. 1915. Unveränderter Neudruck. 1922. RM 3.75

Über den Ausgleich der Einzelbelastungen bei Elektrizitätswerken (Verschiedenheitsfaktor) und über Elektrizitätstarife. Von Prof. Dr.-Ing. E. h. **Georg Dettmar,** Hannover. (Sonderabdruck aus der „Elektrotechnischen Zeitschrift" 1926, Heft 2, 3, 4, 7 und 19.) Mit 35 Abbildungen. 70 Seiten. 1926. RM 1.80

Erläuterungen zu den Vorschriften für die Errichtung und den Betrieb elektrischer Starkstromanlagen einschließlich Bergwerksvorschriften und zu den Bestimmungen für Starkstromanlagen in der Landwirtschaft. Im Auftrage des Verbandes Deutscher Elektrotechniker herausgegeben von Dr. **C. L. Weber,** Geh. Regierungsrat. Fünfzehnte, vermehrte und verbesserte Auflage. Berichtigter Neudruck. IX, 330 Seiten. 1927. RM 6.—

Vorschriftenbuch des Verbandes Deutscher Elektrotechniker. Herausgegeben durch das Generalsekretariat des VDE. Vierzehnte Auflage. Nach dem Stande am 1. Juli 1926. IX, 836 Seiten. 1926.
Gebunden RM 13.—; Ausgabe mit Daumenregister gebunden RM 15.—

Verband Deutscher Elektrotechniker. (Eingetragener Verein.) Mitgliederverzeichnis. Abgeschlossen Herbst 1925. 206 Seiten. 1925. RM 10.—

Comparison of Principal Points of Standards for Electrical Machinery. (Rotating Machines and Transformers.) By Dipl.-Ing. **Friedrich Nettel.** 42 Seiten. 1923. RM 2.50; gebunden RM 3.—
Standards compared:
Germany: Verband Deutscher Elektrotechniker (VDE)
Britain: 1. British Engineering Standards Committee (B. E. S. A.)
2. British Electrical and Allied Manufactures Association (B. E. A. M. A.)
U. S. A.: Standards of the American Institute of Electrical Engineers (AIEE).

Isolierte Leitungen und Kabel. Erläuterungen zu den Normen für isolierte Leitungen in Starkstromanlagen, den Normen für isolierte Leitungen in Fernmeldeanlagen, den Normen für umhüllte Leitungen und den Kupfernormen. Im Auftrage des Verbandes Deutscher Elektrotechniker herausgegeben von **Dr. Richard Apt.** Zweite Auflage. Mit 7 Textabbildungen. VII, 140 Seiten. 1924.
RM 6.90

Die Feldschwächung bei Bahnmotoren. Von Dr.-Ing. **L. Adler,** Oberingenieur der Großen Berliner Straßenbahn. Mit 37 Textfiguren. IV, 44 Seiten. 1919.
RM 2.50

Maschinenlehre der elektrischen Zugförderung. Eine Einführung für Studierende und Ingenieure von Prof. Dr. **W. Kummer,** Zürich.

Erster Band: **Ausrüstung der elektrischen Fahrzeuge.** Zweite, umgearbeitete Auflage. Mit 29 Abbildungen im Text. VI, 168 Seiten. 1925.
Gebunden RM 9.60

Zweiter Band: **Die Energieverteilung für elektrische Bahnen.** Mit 62 Abbildungen im Text. IV, 158 Seiten. 1920.
Gebunden RM 5.—

Elektrische Zugförderung. Handbuch für Theorie und Anwendung der elektrischen Zugkraft auf Eisenbahnen von Baurat Dr.-Ing. **E. E. Seefehlner,** a. o. Professor an der Technischen Hochschule in Wien, Vorsitzender der Direktion der AEG-Union. Elektrizitätsgesellschaft in Wien. Mit einem Kapitel über Zahnbahnen und Drahtseilbahnen von Zivilingenieur **H. H. Peter,** Zürich. Zweite, vermehrte und verbesserte Auflage. Mit 751 Abbildungen im Text und auf einer Tafel. XI, 659 Seiten. 1924.
Gebunden RM 48.—

Die Lokomotivantriebe bei Einphasenwechselstrom. Eine Untersuchung über Zusammenhänge von Motordimensionierung, Getriebeanordnung und Grenzleistung von Einphasen-Vollbahnlokomotiven. Von Prof. Dr.-Ing. **Engelbert Wist,** Wien. Mit 48 Textabbildungen. 100 Seiten. 1925.
RM 5.40

Elektrische Schaltvorgänge und verwandte Störungserscheinungen in Starkstromanlagen. Von Prof. Dr.-Ing. und Dr.-Ing. E. h. **Reinhold Rüdenberg,** Chefelektriker, Privatdozent, Berlin. Zweite, berichtigte Auflage. Mit 477 Abbildungen im Text und einer Tafel. VIII, 510 Seiten. 1926.
Gebunden RM 24.—

Überströme in Hochspannungsanlagen. Von **J. Biermanns,** Chefelektriker der AEG-Fabriken für Transformatoren und Hochspannungsmaterial. Mit 322 Textabbildungen. VIII, 452 Seiten. 1926.
Gebunden RM 30.—

Hochspannungstechnik. Von Dr.-Ing. **Arnold Roth.** Mit 437 Abbildungen im Text und auf 3 Tafeln sowie 75 Tabellen. VIII, 534 Seiten. 1927.
Gebunden RM 31.50